U0520235

形势比人强

— 观念的力量 —

吴主任 著

浙江人民出版社

图书在版编目（CIP）数据

形势比人强：观念的力量 / 吴主任著. — 杭州：浙江人民出版社，2022.11
ISBN 978-7-213-10686-6

Ⅰ. ①形… Ⅱ. ①吴… Ⅲ. ①集体观念—研究 Ⅳ. ①B822.2

中国版本图书馆CIP数据核字（2022）第138159号

形势比人强：观念的力量

吴主任 著

出版发行：	浙江人民出版社（杭州市体育场路347号 邮编：310006）
	市场部电话：（0571）85061682　85176516
责任编辑：	陈　源
特约编辑：	陈世明
营销编辑：	陈雯怡　赵　娜　陈芊如
责任校对：	杨　帆
责任印务：	刘彭年
封面设计：	末末美书
电脑制版：	北京之江文化传媒有限公司
印　　刷：	杭州丰源印刷有限公司
开　　本：	880毫米×1230毫米　1/32　　印　张：7.5
字　　数：	154千字　　　　　　　　　　插　页：1
版　　次：	2022年11月第1版　　　　　　印　次：2022年11月第1次印刷
书　　号：	ISBN 978-7-213-10686-6
定　　价：	49.80元

如发现印装质量问题，影响阅读，请与市场部联系调换。

正是众多的你、我组成了我们,
而我们的主流观念是根本性的最强大的力量,
最终决定了未来的方向。

推荐序
读书人思考的秩序维度

舞者（dancer），就是跳舞的人。作为职业，舞者就是以跳舞为生的人。对他们来说，跳舞是兴趣爱好，也是毕生追求。达到一定的境界，他们能够把肢体的动作化为语言，向世人表达他们的情感和思想。当然，达到职业水平之后，他们还可以以此为业，以此为生。其中的优秀舞者，还被称为舞蹈家，为世人所尊重。优秀的舞蹈家也可以是歌唱家，比如迈克尔·杰克逊，如果还能参与社会慈善活动，为天下的穷苦人代言，为他们募捐、帮助他们，又会成为社会活动家、慈善家。

学者（learner），有时候还可以是学生，是指好好学习的人。刚开始的时候，他们在中文世界里被叫作学生，有学习的天赋，从小成绩很好。他们长大了读硕士，读博士。还有人做博士后研究，在研究领域里坐数十年的冷板凳，读万卷书。他们读书、思考、写作，发表论文数百篇，著作等身。他们通过文字向世人贡献自己的思考和研究成果。他们以此为生，是专业的学者。他们也会参加社会活动，同样为世人所瞩目、所尊重。面对各种社会现象和政府政策，他们会贡献自己的学术见解。他们的学术贡献，不仅推动了学术的进步，还帮助解决了很多问题。他们中的很多人是经济学家，有些还获得了诺贝尔经济学奖。社会上的人亲切地称他们为文化人，或者知识分子。

对舞者来说，台上一分钟，台下十年功。要维持较高的专业水平，舞者还需要继续勤加练习。其实，学者也一样，三尺讲台一分钟，同样需要冷板凳上十年功。而作为知识分子，或者关心社会问题和政策问题的经济学家，不仅要继续阅读文献、写作，关注人类的历史、当下的现实，还要关注未来。舞者和学者的时间是自由的，他们基本上可以自由安排时间，一般不需要上一周五天、一天八小时的班，但他们基本上都是起早贪黑，没有周末和节假日，甚至做梦都是在跳舞或者思考。

所以，专业舞者的时间是非常宝贵的，他们绝大部分的时间都要用来练习。而学者的时间也非常宝贵，他们平时的一举一动无不和专业有关。对学者来说，他们阅读经典著作，和过去的大学者对话；阅读当下的文献，和同行以及年轻学者对话；阅读报纸和网络新闻，和当前的政策制定者和行动者对话。即使他们在睡觉的时候，潜意识也会思考学术问题。他们在做梦的时候也会思考，可能还会和白天读到的内容对话。这是一种专业的生活秩序，也是一种专业的学术秩序，更是一种和人类历史秩序、当下秩序与未来秩序相互渗透的开放性秩序。这一开放性的秩序，关心人的日常生活秩序，对人性和生活有近距离的关切；关心人的政治秩序，对权力的运作有旁观者的清醒；关心人的市场秩序，对企业家的行动有直观的认知和内在的迷茫。

现在，互联网短视频似乎正在改变一切。在快手和抖音里，我们看到专业羽毛球运动员去羽毛球馆"盘"大叔，专业乒乓球运动员去大众乒乓球台"盘"兄弟，专业二胡高手去公园"盘"喜欢二胡的大爷，以及职业钢琴家去上体验课"盘"钢琴老师，等等。我们发现，这些职业高手平时默默无闻，可一旦从专业秩序走向大众秩序，在大众秩序的衬托下，就立即散发出专业水平的光芒。在这里，职业高手体会到了从专业秩序走向大众秩序的快乐，而大众秩序中的体育和音乐爱好者，则近距离体会到了专业秩序的超高水平。在专业秩序里"内卷"得几乎让专业窒息的状况下，走出专业秩序和走进大众秩序，可以说是互联网短视频时代提供的复活专业生机的秩序机会。可惜，我还没有看到职业舞蹈家去广场"盘"广场舞大妈和大爷。也许我看得太少了，我估计职业舞蹈家一到广场立即就会成为广场舞大妈、大爷的明星，还会吸引很多年轻人走向广场，舞蹈估计会在这里获取新的灵感和力量。

这一切，对于读书人也是一样的。读书人，从托儿所、幼儿园、小学、初中一直到高中，基本都是从高考秩序里出来的。高分者突出，进入名牌大学，一部分人继续读硕士和博士，然后成为职业学者。这个时候，大学里还有考试，但考试不再重要，发表的期刊论文和学位论文的级别和数量替代高考的分数，成为重要的成功指标。考核成功的人，成为职业的学者，在专业的科研和教学秩序里,继续打拼。

在短视频时代,可能也有职业学者开始通过短视频展现自己,但与专业运动员和音乐家相比,没有什么读书的大爷和大妈等着他们去"盘"。而且,业余读书秩序的缺乏,从秩序上说也几乎断了职业学者去大众读书秩序中展现专业力量的机会。

但是,职业学者没有这个机会,并不意味着读书人没有这个机会。其实,很多经济学家的著作,尤其是奥地利学派经济学家的著作,一直是大众读书的焦点。我的微信里就有很多奥地利学派经济学家的读书群,其中的书友来自各行各业。他们既不为高考分数而读书,也不为发表期刊论文和学位论文而读书,只是出于纯粹的兴趣爱好、对知识的渴望以及对解决困惑的期待而读书。

在这些读书人中,有些人不仅会读书,而且会思考,同时还会写出一些文章。本书的作者吴主任,就是这样一位读书人。他是互联网工作者、媒体人、作家,在工作之余勤奋读书,勤于思考和写作,读书心得都发表在同名公众号"吴主任"上,抖音号"吴主任"近年来在读书领域也很有影响。他的文章基本上都是基于奥地利学派经济学家米塞斯和哈耶克等学者的思想写成的。

吴主任才思敏捷,写作的文章积攒起来已经集结成《青春大丈夫》《暗中观察》《在命运决定你之前》三本书,且拥有很多读者。现在我阅读的《形势比人强》,也是这样一部著作。这本书显然不是专业的学术著作,也不是职业学者写的论文集。本书是作者针对当今社会的很多热门话题,尤其是与思维相关的话题,结合职业经济学家的观点，分享了很多深入思考后的心得。

这样一本书，我想是值得很多人阅读的。读者可以从中获得日常思考的快乐，还可以快速解决一些在读书过程中遇到的困惑，同时能够通过阅读这些文章拉近专业秩序和自身所处的日常读书秩序的距离，让自己早日领会职业经济学家的专业著作。对米塞斯和哈耶克这样的奥地利学派经济学家感兴趣的读者，从中可以受益无穷。

对于经济学家来说，阅读这样一本书，也能受益良多。在这里，职业经济学家可以感觉到身处日常读书秩序的读书人对很多专业问题的理解和困惑。对于职业经济学家来说，这些理解和困惑可以避免很多专业资源的内耗问题，让自己的思考和写作有更多跨秩序的灵感。

是为序！

毛寿龙
中国人民大学教授
2022 年 8 月

自 序

一个人举手投足全都表现出一副很有钱的样子，但他未必是有钱人。

"自由"如是。

李泽厚老师在2020年接受《南方人物周刊》采访时说到"西体中用"。他说当年张之洞提倡"中体西用"，看似提倡科技，但依然是忠君体国之心，因为当时是封建皇权，所以他反对康有为等人提出的各项改革措施，慈禧太后也非常欣赏张之洞。李泽厚老师讲道：

> "西体中用"是我在20世纪80年代就提出的，是针对"中体西用"和"全盘西化"的。我讲的"西体"，就是"吃饭哲学"。吃饭你靠什么，日常生活你靠什么？邓小平讲科技是第一生产力。我讲的西体就是要现代化，各种东西、各种机器并不是"用"，而是"体"。这些科技不是我们发明的，是从西方引进的。科技生产力就是"体"，日常生活就

是"体"。只有这样，我们才能活着，才能走向现代化。当然，在传统的农业社会，人也能活，但现在大家还愿意活在那个夏无空调、冬无暖气、人无手机、厨无电器的时代吗？也许少数人愿意，那就由他们自己吧。①

"中体西用"就是模仿看得见的部分，即那些坚船利炮的外饰和样式，比如全金属外壳，有大炮，造型也威武。所谓"用"就是能够用眼睛看到的差距。"体"才是根本，是船体的框架设计，是钢结构，是发动机。

举清朝全国之力，造船、修铁路、架电线等，这些都不难。俗话说，学个皮毛。问题在于，整个社会制度、游戏规则的框架是不可持续的。在中国古代，私人的财产可以被肆意剥夺，无恒产者无恒心，也因此失去了积累的动力，没有积累就没有资本，没有资本也就不可能有进一步的发展，人不过是在生死线上挣扎。

在不同的历史时期，每个人眼里的西方都不尽相同。直到现在，西方左、右翼还在激烈争吵。如果再混入与"体"无关的文化表象，那就更乱了。因此，这里的"西"无法精确，至少没有一个共识。但在模糊之中，有些来自历史深处的轮廓还在，那就是个体意识、私有财产权、市场和法治。

古代也有法，但那是"王法"，也就是统治者制定的法。具有个体意识的人会追问：我是谁？我有什么权利？古代有的只是

---

① 参见《叩寂寞而求者——对话李泽厚》，《南方人物周刊》2020年6月22日（总第638期）。

人身依附关系和意识："君为臣纲，父为子纲，夫为妻纲。"至于个人财产，则是"普天之下，莫非王土"。所以，那时的人缺乏真正意义上的自我意识，每个人都在以皇帝为顶点延展开的等级链条里。

真正的法治是围绕保护私有财产权这一核心建立的。这是秩序的基础，是航空母舰的船体框架，是值得我们追求的"体"。实际上，如果做到这一步，市场交换水到渠成。由于人的欲望，人对更好生活的追求是天生的。

当然，用现在的眼光去评判清末有志之士是有失公允的，就算大卫·休谟穿越到清末，提出他的财产权理论，对于当时的社会现实也无济于事。形势比人强，大清崩溃前夜，大众观念积重难返，政权面临内忧外患。这是无解的局面。

"全盘西化"则是另一种极端，这既不现实也没必要，必然会受到民间强烈抵制。在中国，文化、习俗、审美有根深蒂固的传承，这是民族认同感的重要组成部分。但这也是框架之外的细节，不必也不应该有过多管制，自然会多姿多彩。

就好比如今国风流行，文创崛起，传统汉服风靡。有人喜欢，有人讨厌，这都无所谓。传统文化的复苏是经济发展的必然结果，因为在物质需求得到满足后，人们可能希望从传统中寻找身份差异。

另一个显而易见的常识是，文化、习俗、审美本就没有高低之分，也就不存在"领先"这样的说法。比如，来自最发达地区的人也可能被最落后地区的传统文化和饮食风味吸引。文化、习俗、审美，呈现的是整个世界的丰富和多元，而不是输赢。

埃蒙德·伯克评价亚当·斯密的思想："像你这样的基于人性的理论，始终如一，必会持久；而那些基于个人观点的理论，千变万化，必将被忘记。"

类似地，以研究人性著称的大卫·休谟提出的"财产的稳定占有、经过同意的转移和遵守承诺"也是基于人性的。基于人性的意思是，无论什么国家、什么制度、什么文化、什么审美，都适用。

这是最值得全社会维护的框架共识，是人人都应遵守的原则，也就是重要的"体"。一个社会只要能坚守这些最基础的原则，那么无论什么文化、习俗、审美，都可以百花齐放。

这些简单且重要的原则里并没有"自由"这样的大词，但严格遵守这些原则的社会是需要自由的。

最后，特别感谢浙江人民出版社编辑陈世明忙前忙后的辛苦付出。

目 录
CONTENTS

第一章
形势比人强

正确的观念	3
未来取决于多数人的观念	6
踏实努力地做好自己	10
认清生活真相后依旧热爱生活	13
万物之中，希望至美	16

第二章
捕捉自由的影子

自由与自由的诸多含义	21
创造力的源头	26
让富人先探探路	30
文明动态鲜活,有自己的生命	36
谈自由绝不可以脱离责任	40
抹平了差距,毁灭了所有	44
有份工作已经是多数人最大的福报	49
资本的真实含义	53
侵害的预期与不可预期	57
假设集中力量生产皮鞋	60

目 录

第三章
有些道理只是逼真

通货膨胀	67
警惕环保主义	71
萧条是通胀还是通缩？顺便聊一下投资理财	75
你觉得外卖小哥被压榨了吗	80
医生的高尚需要更好的医疗机制呵护	84
切忌反市场的心态	90
猪肉涨价才合理到底是什么意思	94
深圳版楼市"八万五"计划	97
县城人民的储蓄	101
自由很脆弱	104
足额发放的养老金在 30 年后能干吗	107
因减负吵成一团	109
聊聊知识产权	114
为什么掏钱去电影院的人越来越多	117
那些听来的故事	119
科技是不是并没有让人的生活变得更加美好	123
互联网巨头为何要被拎出来谴责	128

第四章
"内卷"的打工人

"内卷"的打工人	135
你难道不是在"拿命换钱"	139
当今的打工人可能是最不苦的一代	142
买房、结婚、生子,真不知道这辈子图啥	146
好友相聚在一起养老靠谱吗	152
377万规模的"现实大逃亡"	158
丁真,做题家,学历焦虑	163
全职妈妈没那么容易当	167
不要搞对立,男女都不容易	171
养儿防老的观念没有过时	176
"县城里的蝴蝶效应"没有赢家	179
就这么静静地看着那些"野兽"	183
把眼光放得更长远一些	187
"80后"是最惨的一代吗	190
聊聊"不打工男"	194
人最擅长骗自己了	197
要在暂时无法改变的工作中找到乐趣	200
如果满地打滚能解决问题	205

第五章
未来会好吗

未来是否值得乐观　　　　　　　　　　**211**

共祝愿祖国好　　　　　　　　　　　　**213**

观念有力量　　　　　　　　　　　　　**215**

第一章

形势比人强

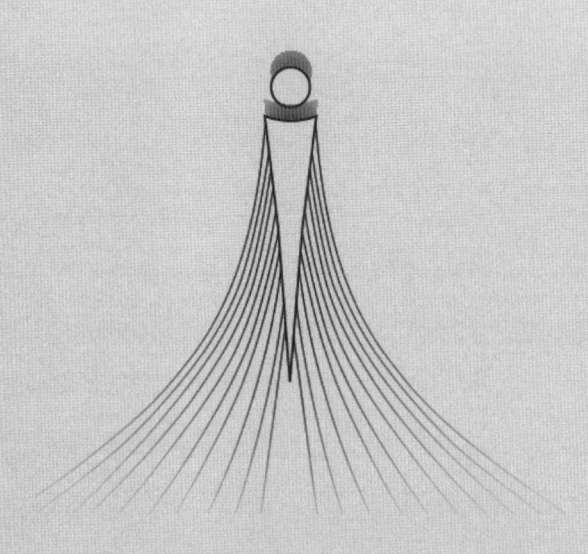

正确的观念

我们生存的环境每时每刻都在发生着各种各样的变化，在人与人的互动中，不管过程如何混乱，人类总体上都在努力追求一种秩序。

私有财产权得到足够保障的社会，呈现出来的是一种动态的稳定秩序。每个人在自己权利范围之内都可以最大限度地活动，无论是生产还是交易，又或者什么也不干。只有在这样一种秩序之下，个体的创造力才能得到足够的释放，从而更高效地推动人类向前发展。

但并非一切的稳定都是一种值得称赞的秩序。

让我们把镜头转向当年奴隶制尚存的南美洲。在甘蔗园里，一群被从非洲贩卖过来的黑人在烈日下"毫无怨言"地干活，手握鞭子在一旁监工的葡萄牙白人是权力的象征。该场景可谓"井然有序"，并且这样的秩序可以在很长一段时间里维持稳定。在奴隶主看来，这是最完美的秩序——等级分明。然而，在内心萌生个人权利意识的奴隶眼里，他们并不认可这样的秩序。但在这样的形势之下，这种想法是非常"危险"的，并不符合主流观念。当时的主流观念是，大部分奴隶是认命的，自由对他们而言是一种未知的恐惧。

在这样一个简单的场景下，奴隶要想获得一些基本的权利，需要的是更多奴隶的觉醒。任何性质的统治都是多数人的统治，需要绝大多数人依赖权力、信任权力并找到安全感。这是权力秩序的重要基础。

没有人知道在观念转变的过程中，一个群体内部的哪个人具体做了什么。有时候，仅仅是围观就足以让作恶者手脚发抖，从而察觉到形势的变化。这种场景在电影或者生活里都是经常可以看到的。

一种细水长流的观念的改变，是自愿交易原则的深入人心。等到群体之中的绝大多数人都对私有财产权等自由伦理的常识有了强烈认知的时候，改变就是水到渠成的事情，因为"形势比人强"。

至于什么是自由伦理，我的理解是，如果人类的共同目的是要繁荣、要发展，人们就要认可和拥护私有财产权不可肆意侵犯这一理念。这一理念也会在长期生活中被共同约定为一套社会伦理标准，这就是自由伦理。

认可并拥护私有财产权是否一定是正确的观念，我们暂且放一边，回到最初的手段与目的。米塞斯的行动学告诉我们，认可私有制能达到繁荣发展的目的，而不管是以专制的方式还是民主的名义肆意践踏私有财产都必然达不到这样的目的。

追溯过去，采集狩猎时代的人类必定有过多番厮杀，那些肆意破坏产权的部落早已被淘汰。各种经验总结对人与人关系的思索，让大部分人类逐渐形成和平交易方能长期繁荣的理念。但是，正确的观念未能以基因的形式遗传到下一代，因此需要通过学习来掌握，需要每一代人都持续不断地强化和传播，这是避免人类从无休止的厮杀中领悟道理的捷径。

经济学家罗伯特·墨菲说过："为了保护我们的社会，基本的经济学知识必须传授给足够多的人。如果街头的张三认为量子力学是个唬人的把戏，那无关紧要，物理学家们不需要张三的认同，照样能进行研究。但如果绝大多数人都相信最低工资法能帮助穷人，或低利率能治愈萧条，那么训练有素的经济学家也无力阻止这些政策给社会带来的损害。"[①]

[①] [美]罗伯特·墨菲著，程晔译：《第一本经济学》，海南出版社2018年版，第8—9页。

未来取决于多数人的观念

"形势比人强"是个中性短语,这里的"形势"指的就是人们的主流观念。所以,未来如何,不取决于某个人,只取决于多数人的观念。

情绪会传染,人们对未来或悲观或乐观的情绪很容易大面积蔓延。现在你问我怎么看未来趋势,我只能说未来取决于整个大环境的形势。那当下又是什么形势呢?这个先放一边,我们从观念谈起。

有些人对观念改变历史这件事不以为然,认为"人哪有什么观念,都是趋利避害的,眼里只有利益,甚至都是短期利益"。这话没错,但利益又是什么呢?利益是不是一种观念的结果?也许你觉得这话听起来奇怪,认为:"一件事对我好不好,我自己还不知道?"不少人还真是搞错了。

我举一些例子,你就会明白人们是如何因为持有错误观念而导致对利益的错误认知的。

如今,大家对商品的买卖已经习以为常。但是,改革开放初期，那些"倒买倒卖"的人被称为"倒爷"。目前，一些活跃在商界的老一辈企业家都是"倒爷"出身。但是，当时不少人看不惯"倒买倒卖"这种行为，觉得这帮人不从事生产，靠倒腾商品获得的财富属于不义之财。这就是当时一些人的观念，甚至是主流观念。

很明显，"倒买倒卖"是在熨平商品因信息不对称带来的地域差价，在一定程度上弥补了部分地区商品的稀缺。南方的布匹既多又便宜，而北方的布匹既稀缺又昂贵，多亏了有人"倒买倒卖"——他们不仅帮忙消化了南方的布匹，而且让北方人民有很多的布匹可供选择。

也就是说，"倒买倒卖"让所有人都有所获益。"倒爷"也因自己的冒险行为（因为商品有可能砸手里）获得了应有的奖赏。

如今，这些都是很基础的常识。如果没有中间商，我们的很多商品和服务就会瘫痪。

那么，什么是利益呢？我们都说人有趋利避害的天性，好像每个人对利益的认知都是一致的。事实显然并非如此，利益说到底也是人脑子里的一种观念。观念决定人们如何定位其心中的利益点。

再举一个大家熟悉的例子，即最低工资规定。一个大学生听到政策规定了最低工资不得低于多少钱，就以为自己的收入有保障了。人有趋利避害的天性，因为这件事对他有好处，他当然要支持。事实却并非如此。最低工资是一种限价，限价的结果就是短缺，意味着企业必然压缩招聘名额。比如，企业本来要招聘10

个人，但由于受到最低招人成本的限制，现在只能招聘7个人。也就是说，在这个简陋的模型里，有3个人会因为最低工资的规定失业。然而，这个逻辑链条并非清晰可见，因此长期被人忽视。

所以，人关心自己的利益没错，但持有错误的观念，就容易导致错误的利益观。结果，自己的利益就会受损。

比如房产税，一般人的反应是："反正我又没房子，也买不起房，请多收一点吧！而且，税收还可以压低房价，这样我才有机会买到房！"这很符合人的直觉——为自己的利益呐喊、点赞。但同样，他们也忽略了"看不见的一面"。房产税只会打击供给，成本不会无缘无故消失，别说买房了，租房都会更贵。所以，我们不要以为自己没房子就不受影响，房产税看似施加在有房一族身上，实际上没房子的人日子也不见得好过。

再比如，重税影视行业、整顿游戏行业。有人认为，这与自己无关，他表示支持。也有人认为，影视行业的人赚得太多了，应该多缴税。还有人认为，游戏祸害无穷，有关部门应该压缩游戏版号！事不关己，额手相庆，结果是什么？这两年腾讯和网易的游戏版号越来越少，很多小公司的游戏从业者都没事干了。一个行业的衰败，是无数条产业链的受损。

针对任何一个行业的增税，都是对整个经济体的打击。电影票贵几毛钱，你可能没感觉，但是难过的日子还在后头呢。也就是说，一个人如果幸灾乐祸，以为事不关己并拍手称快，实际上就是在给自己挖坑，只不过自己不知道而已。

再比如，不少人谴责某网约车的顺风车项目，最终该项目下架了。实际上,呼吁整顿网约车的很多是不坐网约车的人,他们只是简单地喊一嗓子。可那些日常生活离不开网约车的人呢?他们只能寻找价格更高的替代品了。

例子有很多,无须再列。

有些人不喜欢思考,只关心自己的利益。但他们需要知道自己所持有的利益观是否真的符合自己的利益,而不是一边敲锣打鼓,一边把大家往火坑里推。你看,即便是自私自利的人,也要学点基本常识。

我们回到开始的问题:未来会好吗?

我不确定,但我跟绝大多数人一样,希望我们的国家繁荣昌盛,每个人的生活都越来越好。

如果一代一代人都记住过去的历史,记得中国过去几十年是因为改革开放取得了瞩目成就,坚持经济发展的信念不动摇,那么这就是利好。只要以经济发展为中心的基本方向不变,我就倾向于乐观。也就是说,每个人应该要知道,市场经济会让自己的日子变得越来越好。

如果我们的观念、民意是坚定不移地发展经济、深化改革、持续开放,那么我想未来不会差。

我希望更多人都能明白,发展市场经济是符合每个人的根本利益的。这不是生活指导,而是理念坚信。至于个人生活以及情绪上的调整,是长期的任务,没什么特别的秘诀。我们只有努力才能有饭吃,因为天上不会掉馅饼。

踏实努力地做好自己

权力与理念的对抗,二者孰强孰弱,人们对此一直都有争议。有人说得民心者得天下,有人则对民心的力量不以为然,说真实的情况是得天下者得民心。

这不是一个能瞬间得出的结论,而是一个复杂的过程。历史进程中的作用因素太多,而且因果关系并不是那么清晰。变化是持续进行的,不存在完成的那一刻。

每一方都可以拿出自己的例子,当然都是在一种小范围的粗糙模型里。比如,在一个部落里,如果酋长倒行逆施,推出让原住民异常愤怒的规定,那么原住民大概率会摔碗拍桌子,其中的不确定性巨大。这是一种情况。当然也有其他情况:一个部落有上百号人,酋长只需要三个带枪的人,就可以把其他人收拾得服服帖帖。谁敢轻举妄动?不听话试试!

所以你看,大家好像都有道理。但是,判断都过于简单粗暴,因为缺乏时间因素。回顾一下历史,我们就知道,在任何变化中,时间都是必要元素。长期的稳定,仅靠暴力维持不了。稳定不止一种状态：像一潭死水一样是一种状态，充满活力的渐进式改善的秩序也是一种状态。最可怕的一种不稳定是，爆发式的玉石俱焚。

具体到个人，一天天过日子，身处时代的巨大转折点都未必会有切身感受，每天都过得差不多，上班、下班、吃喝拉撒。但是，把时间拉长，通过几十年的对比，人们必定能察觉到，看似平淡无奇的一年又一年，其中的变化却是难以想象的巨大。

有些人认为，传播正确理念说不定是错误的，不如让问题暴露到不变不行的程度。我认为，现实的无奈和正确的认知不矛盾。形势本就是某一时期多数人观念的集合，脱离了这个集合，任何个人都很无力。你可能会问，那些影响力巨大的人是不是可以力挽狂澜？

这里涉及的就是术的问题，毫无影响力的个人可以胡说八道（相对而言），但影响力巨大的人说每一句话都要慎重，其影响力越大，束缚也就越大。事实上，每个人的观念都很重要，无论其影响力是大是小，都在边际上改变着这个世界。

有人可能会问："尽管有了正确的认知，但还是无法改变无奈的现实，那我们还能做什么？"

严格说，没有人能影响形势，谁都不行，你、我、他都不行。但是，形势又是真实存在的，其能量在推动历史向前发展。形势就是主流舆论和观念。对于个人而言，正确的认知更多的是满足一种对世界的好奇，解决一些心中的困惑，认识一些社会运转的规律。然而，一个深谙市场规律的人也可能有破坏市场的举动，这一点都不矛盾。你可以说他短视，但这就是其当下认知里的利益点。

我们还能做什么？

不如把"我们"放一边，先关心"我"。每个人首先要做的是照顾好自己，如果自己都活得很艰难，那么高谈阔论就略显滑稽。你要抛开个人喜好，理性地看待问题。在市场行为里，一个人合法地赚更多钱，说明他满足了更多人的需求，说明他做出了更多贡献。如果非要拔高一下，那么我们可以说他更深入地践行了市场理念，不偷不抢、不坑不骗，通过满足他人需求换取财富。

多数人是不关心形势的，这很正常。形势确实离自己太遥远，至多是一种思维上的游戏。如上所述，对于个人来说，他或许只是满足了自己的好奇心。活出自己的价值，然后赚更多钱让自己和家人过得更好，应该是多数普通人的第一要务和一生的目标。如果还能进一步，正如查理·芒格所言，"让别人知道得更多"，那就是锦上添花的至善之举了。

更多人在踏实努力地做好自己的时候，就会意外发现伴随的不意外结果——形势早就悄悄地变得更好了。

认清生活真相后依旧热爱生活

月薪 10 万元的人讨论下一个市场在哪里。

月薪 5 万元的人讨论团队任务。

月薪 1 万元的人讨论月工作计划。

月薪 3000 元的人讨论国际形势。

月薪 2500 元的人讨论宾利和法拉利哪个更好看。

网络上经常有类似的段子,细节上有些差异,但大致是在讽刺低收入群体更热衷于谈论国际形势。

当然,这些段子不够严谨,因为富人也关心国际形势,也会比较豪车之间的差异。可现实的差别在于,富人相对而言已经把个人生活照顾得比较好了。如果一个人连下一顿饭在哪里都未必有保障,却热衷于关注国际形势,那么他就显得有些凄凉了。

我极少谈论国际形势,虽然国家之间的贸易走向多少会影响经济,从而波及个人生活,但普通人对这一点办法也没有。无论多么有影响力的文章，除了左右国人的情绪，于个人生活而言毫无价值。这类文章带来的煽动情绪的副作用可能是比较大的。

国与国和平友好地做生意就是最好的国际关系，这是一个基本准则。至于这个结论是否太大、太空了，当然，别说国家之间，就算人与人之间的感情一两句话也说不明白。但是，对于普通人来说，抽丝剥茧地展开讨论又有什么价值呢？丝毫没有。

国际形势这类话题，是一些老北京出租车司机最喜欢聊的话题，可见其娱乐八卦属性比较强。吃饭聚会，闲聊解闷，这类话题都挺好。

最怕的是有人为此倾注了太多个人情感。在这种情绪的作用下，有人就会因为遇到不合心意的观点而怒火中烧、恶语相向。互联网又是如此便于人们发泄，这种参与感和存在感不太好说有什么实际的意义，但至少让人觉得很"充实"。

谈论国际形势，能让人有一种格局和力量感，这大概是男性基因里自带的，加上有现成的表达渠道，偶尔还能在网上碰到知音。但其中还缺一个条件，那就是时间。所以，热心于谈论国际形势的不仅有时间成本较低的低收入人群，更有不少年轻人。

参与感、存在感、归属感，齐活了。

我说的不是别人，也没资格去说别人，我说的就是年轻时的自己。我现在宁愿自己年轻时多花点时间游山玩水，反正随便什么娱乐都行。但实不相瞒，在刚学会登录校园BBS（网络论坛）就跟人在网上互怼的十六七年前，我就是个关心国家大事、国际形势的"小愤青"。我在什么都不懂的时候下结论尤其硬朗。正如熟悉我的读者所知道的那样，随着阅读和思考，有一天，我突然意识到"形势比人强"，这让我如释重负，眼前一片辽阔。

历史是一个复杂系统，历史的进程无法预测，但该进程始终有一条清晰可见的线，就是多数人的观念。作为人群中渺小的个体，我能做的，大概就是从改变自己开始。

对于这些远离生活的事情，我现在也谈，以后还会谈，但只可能是闲言碎笔。过去的我倾注了太多个人情感在里面，把观念传播有效性也纳入了自己的能力范围，试图抓住辩论机会去说服他人，结果吃力不讨好。很显然，我有把握的只是"写"。在文章写完并发布后，读者喜欢不喜欢、认可不认可都是我无能为力的。

加缪说："真正的救赎，并不是厮杀后的胜利，而是能在苦难之中找到生的力量和心的安宁。"

这不是什么了不得的大道理，和它意思差不多的句子有很多，比如"向死而生"，"死亡赋予了生命意义"。比较著名的一句是，"世界上只有一种英雄主义，那就是认清生活的真相后依旧热爱生活"。

糟糕的外部环境当然会给个体带来更多苦难，但这是个体无力改变的。面对眼下的生活，我起床睁开眼要面对的每一天已经足够令人疲惫了，以致我总在某些时刻怀疑一切存在的意义。但正如加缪所说，我们依然可以从中找到生的力量和心的安宁。

万物之中，希望至美

形势比人强，这是人类社会亘古不变的法则。形势是怎么来的？或许是个体自身观念的进步带来的，或许是强制性力量借助封闭信息灌输的，或许仅仅是恐吓带来的。它背后的因素很复杂，但在任何时刻，一个社会都有主流的观念在推动其发展。

大多数人在认定了某种观念后，对该观念的改变会异常困难，需要缘分，需要契机。真正愿意跳出当下熟悉的信息环境，放下固有的认知，去探寻陌生领域的依然是少数人。

万物之中，希望至美，而一个令人期待的、充满希望的社会，应该是基于一个坚定不移的点开始扩散的，任其自由发展和探索。这个点大概就是对私有财产权的尊重。有了这样一个点，自愿交易形成市场经济就是自然而然的。而这个过程中的很多细节是无法被清晰描述的，人们需要用想象力和逻辑去"看见"这样的一个过程。

最后，附上米塞斯在《社会主义》里的一段话："每个人都肩负着社会的一部分；别人不会为他承担他那一份责任。假如社会走向毁灭，那么谁也不能给自己找到一条生路。因此，基于自身的利益，人人都要热情地投身于这场思想之战。没有人可以置身事外，因为每个人的利益都维系于它的结果。无论是否作出选择，每个人都无法逃避这场伟大的历史性斗争，无法逃避这场我们的时代使我们卷入其中的决战。"①

---

① [奥]路德维希·冯·米塞斯著，王建民、冯克利、崔树义译：《社会主义：经济学与社会学的分析》，商务印书馆2018年版，第587页。

第二章

捕捉自由的影子

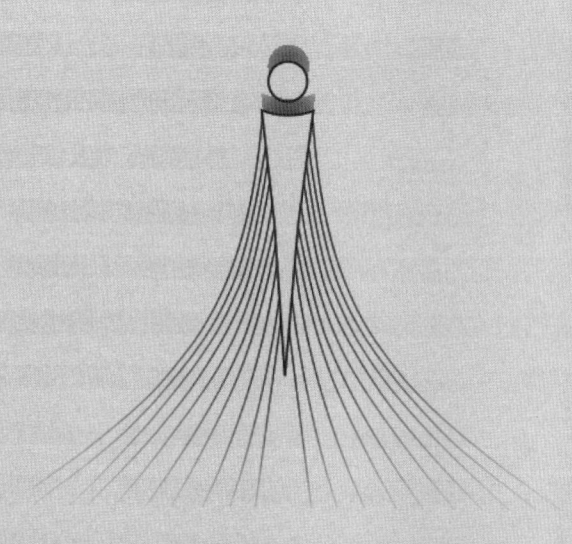

第二章　捕捉自由的影子

自由与自由的诸多含义

旧的真理若想保持其对人们思想的影响力,就必须不断地用后来人的新语言和新概念对它重作解释。那些曾经被证明最有效的表达方式由于不断地被使用而越来越失去其原有的意义。①

这是哈耶克所写的《自由宪章》前言部分的前两句话,开门见山地讲述他为何写这本书。如同哈耶克的其他书,这本书依旧不好读,既延续了哈耶克对长句的偏爱,也有其一贯晦涩和模糊的表达。开头这两句就已经让人觉得十分拗口了。

在人们对文字越来越缺乏耐心的当下,这种表达方式无异于自绝于读者。

因为有《通往奴役之路》的加持,哈耶克的名头还算响亮。其实,当时多数人读的是《读者文摘》简化的版本,真花时间去

---

① [英]弗里德里希·奥古斯特·冯·哈耶克著,杨玉生、冯兴元、陈茅等译:《自由宪章》,中国社会科学出版社2012年版,第13页。

啃原著的人是极少数。这也不奇怪。

过去的很多思想家几乎不注重传播，无论是不屑还是办不到，结果都是那些了不起的理念在很小范围内传播。还有另一个十分符合人性的原因：即便是大师也不太愿意承认自己在某些方面欠缺能力，比如深入浅出的能力，而抱团俯视通俗作者恰好能够让自身认知变得协调。因此，一个写流行读物的学者在学术圈子里是会被瞧不起的。然而，那些面向大众的作者会被无情地冠以"二道贩子"称号，似乎搞学术研究与浅显易懂的表达是绝对不相容的。但这从来没有科学的依据。相反，有一些顶尖的大师可以同时把这两件事做好，比如天才物理学家费曼。

回顾整个人类思想史，真正做过颠覆性原创的人少之又少，无论艰涩难懂还是通俗易懂，大家都不过是在重复旧的真理。

哈耶克在《自由宪章》前言所写的那两句话，简单来讲就是：古朴的道理需要用当下的语言重新阐释。但是，哈耶克在当年所使用的"新语言"在今天已经是旧的了。这里的新旧之分不仅基于语言本身在使用中的进化，语言所面向群体的知识结构和背景差异也十分明显。

理念（我们暂且不称之为真理）还是那些理念，但有待更贴近当下人们阅读习惯的表达和传播。

《自由宪章》的第一章就是要厘清"自由"这两个字的真正含义。

"自由"可以说是最高频的日常用语之一了，不仅足够日常，而且撑得起大场面。无论是诗人还是野心家，都对这个词爱不释手。渴望自由是人的天性，人人都向往自由。有史以来，人类接连不断地发生冲突和暴力，都声称自己是为了自由。因此，"自由"也是最容易被误读和被用心险恶之人利用的词之一。

什么是自由？自由在诗歌和檄文之中往往代表一种美好的事物。自由有一个简洁但抽象的定义，即人身财产不受侵害的权利。因此，哈耶克认为，"如果从人所处状态的角度理解自由会更清楚一些"。孤岛上的单个人是无所谓自由与否的，即便他可能遭遇猛兽的袭击，也不能说他的自由被侵犯了，只能说他遭遇了身处野外的危险。自由所表达的状态与他人有关。所以，自由专门指人与人之间的关系。能够侵犯自由的唯有他人的强制。

彻底的自由是不存在的。在一个社会里，人们只能逐步接近自由的状态，不可能完全达到。这不是什么高深的定义，恰恰相反，这是最原始、最质朴的自由理念。

只要"权利"的定义是行使个人财产权，权利就基本可以等同于自由。

真正的自由经常和一些主观自由定义混淆。比如：一个人不想上班，可能会说"我这一天天的一点自由也没有"；一个人因迷恋某人而成为"感情的奴隶"，说自己"失去了自由"；一个人因为缺乏一些常识而做出一些糟糕的选择，说自己"错过了自由"……所有这些看似没什么自由的状态其实跟自由本身的概念无关。

另一种混淆是把自由等同于个人的能力。

形势比人强：观念的力量

每个人都有追求自己幸福的自由，并不等于每个人都有能力获得幸福。就这句话而言，我们很容易理解，但在各种野心家的宣传下，由于贫富差距的现实带来了心理落差，人们就会抛弃自由的原始定义，认为妨碍自己成功的一切因素都是一种对个人自由的侵犯，从而感叹社会的不公平。比如，有些富人的确可以一辈子不上班，看起来相当自由。他们在苦闷的打工人眼里明显"比较自由"，这样很容易就得出一个荒谬的结论：有更多钱才有更多自由。于是，人们就会有一种不公平的错觉。

所以，虽说多数人都觉得自己是热爱自由的，但实则未必。因为我们从他们对日常生活的种种呼吁或诉求当中可以看出，他们要的不是自由，而是"我喜欢"，"这个东西对我有好处"。至于结果是否会构成对别人的侵害，多数人并不关心。因为当自由被赋予每个人之后，个人的行为结果并不必然带来期待的皆大欢喜。一个人有做生意的自由，而做生意意味着有风险，有很大可能倾家荡产。因此，自由也意味着责任，自由就是你要对自己权利范围内的所有活动负起责任，否则你就不配拥有自由。然而，我们目之所及，皆是要求更大的力量对生活中的各种事情"负责"。

一个人即使有了更多选择，也并非自由。比如，奴隶主跟奴隶说，面包、玉米、土豆，选一样吧（还可以列出更多）。听起来奴隶有很多选择，但这并非真正的自由状态，他仅仅是多了几个选项而已。一个人或许只能吃得起土豆，而买不起面包，但他是自由的，只不过是他当前的能力不足而已。

第二章 捕捉自由的影子

真正的自由与诸多所谓的自由的差异是：前者是除了一般原则禁止的，所有其他事情都可以做；后者是除了明文规定允许的，所有其他事都不能做。你也许会说，这不就是我们说的"法无禁止即可为"吗？显然不是，这里是"法律"与"一般原则"的区别，各国的法律差异不少，且都不是永恒不变的。法不是普遍的真理，且在适时变化之中。因此，反复审视、探讨、改进法律本身，其实是改善人的自由更加直接和务实的手段。

形势比人强：观念的力量

创造力的源头

人类走出非洲，从濒临灭绝（主流基因学家和考古学家曾推测，人类在地球上的数量曾一度下降到 2 万人左右）到征服自然，遍布整个地球。粗略总结，人类文明可以分为三大阶段：采集狩猎文明、农耕文明和工业革命先导的科技文明。

采集狩猎文明时期，气候的变化带来了动植物的丰富，但这一馈赠并非所有地区雨露均沾，能否发展出农耕文明跟地理位置有巨大关系。

到了农耕文明阶段，人口膨胀，饥荒时有发生，这些都是引起土地争夺的重要原因。蒙古大军曾横扫欧亚大陆，铁蹄所到之处，尸横遍野，也无意中把来自东方的一些发明带到了当时相对落后的西欧。至于后续西方世界的宗教战争、宗教改革、文艺复兴、大航海时代、启蒙运动……就略过不提了，我重点说影响至今的第三阶段文明。

随着工业革命的到来，世界翻天覆地。

大概从 1800 年开始，人类社会的发展突飞猛进，人们在这之前的日子几乎可以等同于维持生活。工业革命是科学技术和市场经济结合的奇迹的开始，其发展势头一直持续至今。

我有两个老生常谈的问题。

第一个问题是，为什么工业革命没有诞生在中国？

中国在宋朝曾达到农耕文明巅峰，那时铸铁产量每年达十几万吨，而直到1700年，整个欧洲的铸铁产量也才达到这个数字。而且，活字印刷术、火药、指南针均已广泛应用于宋朝，按照事物演进的规律，蒸汽机的诞生仿佛就在前方不远处了。然而，工业革命在中国没有出现，有个流行且合理的解释是，同时期新儒学转向了宋明理学，思想禁锢，妇女裹脚，科举内容被限制在几本古典书中。但最根本的原因其实是缺乏一个管制较少的自由市场。

比如，在由大航海时代造就的环大西洋市场经济圈，欧洲的探险是主动积极的，是民间自发的。哥伦布是个意大利人，曾到英国、法国、意大利和葡萄牙游说，但均遭拒绝，直到"天使投资人"西班牙王室出现。我们可以想象当时欧洲资本主义萌芽所带来的民间的活力与自由。反观明朝时期，郑和完成七下西洋的壮举，拥有顶级配置——240多艘海船、27400名船员（哥伦布四次出航总共只有30艘船、1940名船员），而且比哥伦布早70年。但明朝缺乏民间自发的踊跃和自由，所以郑和出海不是利益驱动下的冒险开拓，也不是对去新大陆寻找财富的渴望，只是去扬大明国威的。在哥伦布发现新大陆的同时，明朝却加强了禁海锁国，郑和的航海记录被毁。

第二个问题是，科学技术和市场经济哪个才是必要条件？（或者说，文明的创造力源头是什么？）

结论当然是市场经济。简单来说，在逐步形成的几乎没有管制的野蛮开拓和贸易阶段，即使没有哥伦布，也会有其他欧洲冒险家发现新大陆。正如历史证明蒸汽机的发明准确来讲不能归功于瓦特，我们也不能说触摸屏技术是苹果公司发明的。已有的大部分发明创造都不是被计划好的，都是尝试和摸索的结果。发明创造离不开偶然性，很多伟大的发明都极其偶然，麻醉药、青霉素、便利贴、打印机……都是在探索的过程中偶然发现的。

哈耶克把亚当·斯密"看不见的手"的概念延展开，批判科学技术既带来了进步，也带来了一种狂妄，即理性主义的自负。人类在自然知识上懂得越多，就越希望设计出一套接近完美的制度，历史上的尝试都毫无意外地导致了巨大的灾难。因为文明并非任何一个人理性设计的结果，身在发展变化中的人根本无法理解。

无论是真正读过还是假装读过哈耶克的人都知道这几个词：自发秩序、分散知识、市场过程。在人类欲望的推动下，分工和专业化变成必然，越分越细，每个人都只是成千上万全球经济流水线上的一道工序。

利用他人掌握的知识在很大程度上是我们达到个人目标的一个必要条件。

全社会拥有的知识总量并非个人分散知识的简单累加，因为我的想法分享给你并不会让我失去这个想法。因此，在无数的信息交流和累积之下，思想和观念的碰撞所产生的能量是任何一个天才都无法搞清楚的。

人类历史上有过很多乌托邦的设计者，这些人自以为能够把握全局，设计出他们心目中的理想国度。而这样的设计思路必然要禁止市场，因为一旦有了市场，市场上每个人的行为就变得无法预测。只有在一种极端的情况下，乌托邦或许才可以维持下去，那就是把每个人都变成机器，人们没有丝毫个人欲望和自由意志，而且可以随意摆弄。因此，一切理想国和乌托邦都必然灰飞烟灭，他们的设计思路用一句话总结就是，不尊重人性，甚至奢望改造人性。自由市场，或者说个人自由，注定使得预测未来变得几乎不可能。

偶然性始终贯穿于人类文明的整个发展史。基于这样一种无可争议的事实，个体的自由，准确地说是在市场上探索和冒险的自由，就变得尤为重要了。

哈耶克说："如果由于自由的结果并不那么尽如人意，就不允许自由存在，我们将永远得不到自由带来的好处，也无法获得自由为之提供机会的、无法预见的新发展……自由必然意味着我们将碰到许多不如人意的事情。"

人类还将创造出什么样的文明？没有人可以预测。只是可以肯定的是，迄今为止人类创造文明的最核心原因在于人类对自由的尊重，愿意更多地去冒险和尝试，走进未知的、不确定的和不安全的世界。这也就是卡尔·波普尔所说的，走开放社会之路。

形势比人强：观念的力量

让富人先探探路

"进步"也是各种势力派系喜欢占为己有的迷人词。历史上，无论哪种制度，在当时肯定都坚信自己与过去相比是进步的，只有回头复盘时才能看清是进还是退并从中吸取教训，而有时教训是巨大的。比如，"进步主义"的主张听起来很动人，结果却事与愿违。

托马斯·索维尔认为，伤害黑人最深的并非种族主义，而是进步主义者所推行的许多看似富有同情心的政策，无论是在经济方面还是在教育方面，结果都事与愿违。我们这个时代的悲剧之一，就是有如此多的人都是以言辞而非结果为依据来作判断。

但即便是自由市场带来了物质丰富和社会繁荣，这种进步收获的也未必全是赞美。比如，城市化造成的人情感上的各种问题也是存在的。

从进化心理学的角度来看，过去是了解现在的一把钥匙。人类的本能和非理性部分的情感依然是与狩猎时代的原始生活相适应的。我们的体内住着一个原始人，不会立即适应工业革命之后快速变化的环境和发展节奏。比较典型的就是肥胖问题，人体天生对脂肪、糖的如饥似渴在过去是有生存优势的。在食物比较丰富的当下，这种本能欲望反而给人的健康带来问题。

商业文明处心积虑地刺激人性中最本能的那些欲望，操作的痕迹遍布了物质商品和人的精神世界。游戏和当下最流行的短视频就很容易让人上瘾。在不远的未来，想必会有越来越多的人因为每天看手机的时间太久而出现眼睛方面的疾病。

但我们绝不能因为人们不够克制而禁止高糖、高热量食物。因为从更广阔的视野来看，在生活水平较高的人开始节食、锻炼的同时，有很多人未能经常品尝美食，更不用说，有些人甚至还没解决温饱问题呢。

如果我们将经济发展，或者人们实际生活水平的提高，或者说得更直白一些，人们可以享受到更丰富的商品，看作一种进步的话，那么商业文明即进步。而且，当下多数人想要的生活也只能靠进步来实现。

进步不仅会带来人体内的"原始人"与当下环境无法完美适应的问题，而且必然会带来财富上的不平等。这种不平等一直都是稳定生存环境下暗涌的危机。然而，真相是残酷的，恰恰是因为这种不平等，经济才有了飞速发展。

我们不需要特别好的想象力也能知道，即便全人类都从零开始生产和交换，人和人天生能力上的差异也是无法抹去的，有人更聪明，有人更努力，有人更强壮……在更多人参与的市场里，运气这种偶然性的力量绝对不能被忽视。总之，时间的累积带来财富的累积，几代人之后，个体财富可能形成云泥之别。也就是说，无论整个社会如何清零重启（这是天大的代价），财富上的不平等都是注定的。

至于说不平等推动了发展，道理就更简单了："今天的奢侈品是明天的日用品。"就近代的商业历史可见，汽车和手机在诞生之初都是奢侈品。这个现象完全符合某种商品被大规模生产后变成日用品的逻辑。第一批尝鲜的人需要支付高昂的成本，富人不仅掏钱支持而且无意中成为新品的"小白鼠"。没有这些"小白鼠"的支持，某种商品是不会有进一步优化乃至量产的可能性的。这种可能性是让更多商品未来走向千家万户的必要条件。虽然其中必然有大量的浪费，就好比大部分的投资都打了水漂一样，但没有这些探索和尝试，很多事情就无法向前推进。

富人的钱都去哪里了呢？储蓄、投资、消费。储蓄和投资不用说，而富人的消费还包含支持新产品（也就是奢侈品）和慈善。因此，富人的存在是经济发展的结果，而经济发展在一定程度上也需要更多富人的存在。

若我就此建议大家不要嫉妒那些富人，那么说了跟没说一样。嫉妒和对结果不公平的怨恨大概也是人体内的"原始人"自带的。我们需要正面地看待财富，或许这是激发人们更加努力奋斗的巨大能量。

但嫉妒和内心不平衡同样也是文明的结果。作为一种生物，人类吃饱喝足就感觉差不多了，但商业社会不仅带来了更加丰富的物质，而且灌输了很多所谓的"消费文化需求"。有的人觉得

第二章 捕捉自由的影子

只有拥有了那样的一双鞋或一件衣服才会显得自己很酷,因为身边的朋友都有这种商品,所以自己也必须要有。所有这些欲望和虚荣心一直在推动人类社会往前走,有些人会被压得喘不过气,有些人乐此不疲,有些人开始反思,有些人则因为财富上的不平等咬牙切齿……

其实,就算在计划经济时代,在全体人员都可能享受到某种商品之前,政府也得指派一部分人和拿出一部分资源做实验。这些被选中的人会提前尝鲜。其中的差别在于,不平等是人为干预的,而不是市场调节的。

但这种不平等导致的人内心的不平衡始终是社会稳定的隐患。这种不平等的安全边界在何处,没有答案,至少我没有。仅仅追求结果的均贫富很容易,只要强行把钱平均分了就可以。但长期来看,有两个难以挽回的恶果:第一,这会给有钱人(往往也是相对更有能量的人)造成一定程度的恐慌;第二,经济发展受阻,贫困的人更加贫困,最终实现没有下限的"共同贫困"。

一个社会财富的增长,人们看到的是商品极大丰富,人民生活水平日渐提高,但其背后是知识的增长。比如石油,在人类搞不懂相关知识时,它就是毫无用处的黑油。经济的发展来自同一批资源的更有效利用,其背后就是知识的增长,包括对自由市场的认知、对资源的调配和科学技术的进步,也就是科学技术和自由市场的结合。

这对于发展中国家来说是好消息,因为它们可以很快复制这些知识，并将其应用于本国的经济生产。所以，无论是一国之内还是国与国之间，都存在这种不平等，也需要这种不平等，因为知识并不是凭空而来的，而是先行者投入大量时间和金钱所得到的，最终先富可以带动后富。

尽管这种不平等不招人待见，但商业文明的可爱之处是，在某种商品变成大众消费品之后，任何个人和公司为了获取更大的利益都必须讨好大众消费者。也就是说，先前制造出不平等的力量开始服务于大众阶层，不平等也在逐步缩小。用今天的话说，大家都在争夺下沉市场。

这又造成不少人的顾虑。为了讨好下沉市场，很多所谓的"流行"自然被一拨人瞧不上，低级粗俗的评价不绝于耳，有志之士呼吁高雅艺术、高品质文艺作品，呼吁修整我们的精神家园。但没有别的办法，这需要时间。人只有富了之后才有闲情逸致，若被生活压得喘不过气来，怕是没有心思去操心情趣是否高雅。

时间或许也无法调和发展带来的这种矛盾。市场经济带来的城市化对不少人熟悉的且延续了几百年的生活方式的冲击是巨大的。

这是一个全球现象，大同小异罢了。早期的沃尔玛想要进驻美国部分地区会引发当地一些民众游行，因为沃尔玛让小商家纷纷倒闭。而今天的网购也给无数实体店造成巨大的竞争压力。我们也许觉得这是进步，但是不是所有人都喜欢这样的进步，真不好说。更多人与人关系的话题就不展开了，总之，发展和进步绝不可能让所有人都满意。但是，任何个人都抵挡不住时代向前的浪潮。个体的力量是如此渺小，我们除了尽可能适应，恐怕没有别的办法。

只要人性不变、欲望不灭，发展就能持续下去。我们不仅是进步的产物，而且是进步的"俘虏"。

形势比人强：观念的力量

文明动态鲜活，有自己的生命

说到自由思想的传统，以英国和法国最令人瞩目。然而，涉及的历史事件和人物对毫无相关文化传统和知识背景的中国人来说，几乎没有意义。

但结论是有价值的：英国人基于经验的变革是保守的；法国人基于理性主义的变革是动荡持久的，甚至到今天，在法兰西血液里的自由成分中也能测出1789年的元素。

在对理性主义长期而持久的批判上，哈耶克做得并不好。我这里说的"不好"纯粹是指他完全没把问题说清楚，他把简单的理念复杂化了。如果加上大众传播的考量，那么他基本上属于不及格。

从理性主义的定义开始，哈耶克在表达上就陷入了自我纠缠，最终还要不断强调，他并非反对理性，而是反对在人类庞杂且交织在一起的经济行动（大概等于所有人类行为）中的自上而下的通盘设计。

实际上，关键点不在于理性主义，而是谁理性，针对的又是什么。一个人可以很理性，甚至冷酷到毫无情感（当然这不等于必然成功），可以把自己生活的每一天都计划到分钟，这些都无可厚非。尽管人生的计划通常赶不上变化，但他就是要坚持到底，我们对此无所谓，结果不论好坏都是他自己的事。

但若对整个社会的经济运转进行计划，那么后果我们已经很熟悉了，这行不通。

实际上，很多领域都有一种自上而下的理性主义思想在作祟。列举一个近些年的现象，你就会明白，那就是一些地方的店铺门头的统一设计问题。

这忽视了问题的根本，似乎相关部门在前期的调研和科学决策等环节做足了功课，店铺门头就可以被统一设计。

好，我们退一万步来讲，假设有关部门请来一个设计大师进行设计呢？店铺门头错落有致、赏心悦目（虽然几乎不可能），是不是就值得欢呼和支持呢？

当然不。

虽然我们假设了一个极端不可能的情况，即设计大师的加持使得整条街整体上符合多数人的审美，但只要整条街经营的生意不属于同一个老板，这种统一的设计在让每家店铺都满意与整体的观感上就是无法调和的矛盾。就算有个天才（我们暂且忽略高昂的成本）恰好做到了平衡，这也是某一瞬间的事，无法维持，并缺乏快速的应变能力，更不用说实际经营状况导致店铺的日常更新。

群体所呈现出来的生机和活力从来就不可能自上而下设计出

来。这些店铺门头被统一设计后所带来的视觉震撼，倒是可以提醒大家其他不那么直观的领域为何那般死气沉沉。道理是相通的。

其他领域，比如影视行业，一旦有了各种题材和情节等方面的限制，很多可能性就会被彻底堵死，相关从业者的体会更深。管制往往从"动人的理由"出发，比如"反三俗"。当然，我们也能看到一些粗制滥造的作品明显减少，同时，更多想象不到的优秀作品也减少了。也就是说，整体来看，很多作品会变得单调。

在汽车诞生之前，先进的马车一定会不停迭代。即使有一种自上而下的对人类交通工具的规划，人们也只能在更加先进的马车上下功夫，大量的财力、人力都会被布局到马车行业，力求家家户户在不远的未来都拥有马车。在那样的世界里，人们的眼界必然受限，久而久之，创新的念头就会消失。

很多文艺作品都描述过某些乌托邦里的人类生活日常。初步的印象是，建筑物整洁统一，路不拾遗，夜不闭户，人们都极其有礼貌甚至过分友好，一派人间天堂的景象。但是，敏感的人总感觉哪里不对劲，每个人脸上的快乐都像是指令性的结果，不是发自内心的。我们再深入观察，原来每个人都被24小时监视，没有丝毫的隐私可言。历史上如此实践过的宏伟乌托邦都走向了崩溃。因为这种计划是反人性的，彻底扼杀了个体的生机与活力。

外在的美和统一只是表象，内在的生活却是一潭死水。那种期待建设理想社区的乌托邦或许是一个极端，但是在日常生活中，你会在很多大小不一的团体里察觉到程度弱一些的现象。最常见的就是某些职场的团队负责人碰巧是个权力狂,事无巨细,这种行事风格也许能干成一些事,但身在其中的成员是什么感受,相信很多人深有体会。

这就是一个群体尤其是整个社会存在的两种秩序的区别。一种是计划中的秩序,它在理论上完美无瑕;另一种是当关注到细节时看似混乱但充满生机的秩序。自发秩序内在的根本是生机和活力。

面向一个群体设计出来的精致秩序,必然会彻底破坏这个群体过去所积累的传统,等于是根据严谨的理性设计推翻重来。无论中外,类似的颠覆性理想都酿成过巨大惨剧,这些教训是极其深刻的。如果说忘记历史意味着背叛,那么记住过去失败的大型实验本身则具有重大的实用价值。

文明是动态而鲜活的,有自己的生命。

谈自由绝不可以脱离责任

每个人都声称自己热爱自由。从父母不让看电视、不让玩游戏、规定睡觉时间开始,人就有一股向往自由的冲动。但因为小朋友还未到需要负责任的年纪,所以他们并不知道"责任"为何物。随着年纪渐长,责任已经不仅仅是脑中的概念,还是束缚和压力。

当生活的艰辛和无法预知的困难摆在眼前时,一些人宁愿选择有保障的安全感而放弃自由,因为承担责任真的太累了。这里有一个极端的生动例子:在美国解放黑人时期,很多黑人在成为自由人的那一瞬间,对接下来的日子充满了恐惧,因为需要自己完全负责自己的生活了。

这种心理从未消失过,只不过换了张面孔根植于很多人的内心深处。尽管他们依然声称自己向往自由,但一谈起责任就哑口无言。他们在日常中的种种行为也表明,他们对自由的向往只是叶公好龙。

虽然一直以来都有科学家、思想家在仔细琢磨"自由意志"

是否存在，决定论和宿命论也一度流行，但是哪怕有更充分的生物学上的证据表明所谓的"自由意志"或许仅仅是生物本能的一种，我们也无法否定自己在清醒认知下做出选择时是自愿的。

我们科学界可以继续探讨自由意志是否存在，但纠结自由意志是否真的存在是毫无意义的。

就算是再不情愿担责的人也多少能理解"后果自负"四个字的分量。因为责任的存在是对秩序的必要保障，人需要对自己的行为负责，这样我们才可以大致推测人的未来行动。

责任是文化产物，是人的重要标识，动物并不需要负责任。我们可以想象一下最开始萌生责任意识的那些模糊时刻：早期的人类祖先发现，如果没有责任的约束，整个群体就乱套了，因为所有人的行为都无法预测。所以，责任最开始就是法律概念，是一种必要的约束。

责任只能限定个人，并且是有限的。那种"每一片雪花都不无辜"的说法很形象，也很动人，但跟没说一样。所有人都拥有财产意味着任何人都没有财产。对于一件事情来说，人人都有责任，等同于谁都没有责任，最终也不会有人负责任。因此，群众运动最终走向失控是一点也不奇怪的。因为人人有责，无人担责。

责任早已不仅是法律概念。我们说"这个人非常不负责任"，肯定不是说这个人违法了法律。责任早已突破了法律上狭隘的定义，成了人们日常生活中为人处世的观念。

如今，谈到责任，人们更多时候是指对自己负责。在生活中，一个人可以选择成为一个不负责任的人，但如果不学会对自己的选择负责，就难免心生怨气，就会觉得所有不好的结果都是别人或社会的错。

这不仅是因为一直以来教育的缺失，也有外部环境变化（从校园到社会）造成的一种不适。在学校，人与人之间的差距都是限制在成绩或者某样技能上的。如果一个人的成绩好，他就厉害。学霸就是校园里的成功人士，其他人只能表示服气。老师和家长也都强调，勤奋能让成绩更好，事实也大多如此。这种手段和目标之间的联系十分清晰。学习这件事跟天赋有一定的关系，但很少有人说学霸的运气好。所以，无论取得什么分数，学生基本都是认可的。

等走上社会之后，我们就很容易发现，一些能力平平、智商一般的人居然也能取得一些成绩。不用说创业成功这样巨大的幸运，就说在职场，很多人也对此深有体会，想不通为什么能力很差的人却混得挺好。更令人想不通的地方是，有些人非常有才华，但并没有获得"应有"的成功。

这样的现象遍地都是。

当左右结果的不仅仅是自身努力时，这自然很容易让人丧失对责任的尊重。一个人明明很优秀，为什么结果并不如意？谁来为这样的结果负责？

这时，"分配"的思路就应声出现。一个人拥有某种技能，所以他理应获得某份工作，赚取符合能力的回报。因为在不少人看来，能力与岗位的不匹配是对人才的极大浪费。这种诉求若是得到执行，也就谈不上个人自由，包括择业的自由。

因此，我们得接受这样的事实，自由社会的确会给人造成更大的压力，人们会感到迷茫，会苦苦寻找更合适自己的工作，也会为了生活不得不接受自己并不喜欢的工作。但是，一个人试图让这样的压力消失则是幻想，他要么自己承担，要么服从命令。

尽管人这一生若想取得世俗意义上的巨大成就需要很大的运气，但很多成功人士在回顾往事时通常都不自觉地透露这都是努力拼搏的结果。这个现象倒也不是虚伪，只是因为身处幸运暴风眼的幸运儿看不清时代的馈赠。这种积极向上的自信对其自身有好处，对整个社会也有激励作用，但这与我们认清人生的一些残酷现实并不冲突。

无论身处什么时代、拥有什么运气，勤劳都是一种毋庸置疑的美德。

人类组织方式的变化也在改变着人们的责任感。在熟人社会，人的责任边界远在法律之外。小社群里勇于担责的人是受欢迎的，通常都喜欢义务帮助他人。人们的安全感就是由更多这样的邻里共同编织而成的。这种熟人关系的式微，伴随的是个人责任感的弱化。但安全感总是需要的，因此在缺乏社区氛围的大城市，人们就会很自然地在生活的方方面面寻求权力的保护。这是一种令人无奈的现实。

抹平了差距，毁灭了所有

"平等"的相关争议将一直伴随人类。正如我们已经知道的那些试图改变人性的惨败，谁也无法奢望彻底消灭人性中对各种"平等"的期望。人们很难坦然接受自己与同辈、身边人的收入和地位上的悬殊，因为这并非把道理讲明白就能让人释怀，而是一种漫长的内心自我修炼。

调整内心的失衡，很难讲是依靠心理学还是某些宗教的启示。至少这不是经济学的任务，经济学只是解释行动和目的。如果试图用权力来抹平差距，那么结果要比所有人想象的糟糕。

你瞧，结论多么无趣，人们知道又如何？毕竟人只关心自己当下真实的处境，尤其在有了孩子之后，很快就开始着重关心孩子的教育平等问题。

但不管怎么说，有关"平等"的话题，我们谈一谈也没坏处。

我就先说一些我们在教育上躲不过的事实。

第一，人与人的差异巨大。

第二，没有规律能表明孩子一定比父母聪明。

第三，通过读书改变命运这件事不能无视历史进程。

第四，绝大多数人是普通人，能安全过完一生并不容易。

"平等"是个十分有号召力的词。不平等的现象四处可见，也给人群中振臂一呼的意见领袖提供了控诉的武器。我们追求自由，当然是为了平等，但这里的平等仅仅是权利上的平等，也就是现实层面的"法律面前人人平等"。除此之外，很多平等诉求十分可疑。

要真正理解自由，"平等"两个字是必须要搞清楚的，我们绕不过去。首先，我们必须接受残酷的真相，正如人有美有丑，有高有矮，有胖有瘦，在诸如个性和智力方面，人与人天生的差异也必然存在。其次，我们还要接受家庭出身的差异，有的人含着金钥匙来到人间，有的人则在山沟沟里出生。

这些不平等的事实必将引发人性中极其容易理解的不满。虽然在现实生活中，人们多数时候对天赋出众的天才是敬仰的，毕竟在各个领域，天才都贡献了自己的才华，又或者颠覆性地改善了人类的生活。但是，很多人对那种生长于优越家庭的富二代嗤之以鼻。在多数国家，如果民众有机会决定是否征收遗产税，那么他们大概率都会投赞成票。

如果我们都认同所谓的"未来"指的就是一代又一代的年轻人，那么年轻人强，则未来强。优越的环境显然更有利于年轻人成长为优秀的人才。

但很多人不明白的是，在有钱人给予下一代的所有财富中，金钱其实是最微不足道的。

我们一定要记住一句话，物质只是精神的延伸。物欲横流就是欲望满格，"断舍离"大致可以说是清心寡欲。在人们的温饱问题得到解决之后，欲望早就是一种文化现象了。如今，恐怕没有人是因为没衣服穿才买衣服的。

说到底，外在的物质，尤其是服饰，不论花枝招展还是朴实低调，都是最直观的表达。当然，我们不能说这是规律，抛开环境压力，通常越在乎别人看法和越不自信的人越会在这个方面下功夫。然而，有生活经验的人容易察觉到，只要有钱就能把奢侈品武装到头发丝，但这无法改变一个人的气质。

这背后的道理不难理解，所谓气质或者真实的品位如同所有人渴望的好东西，都离不开时间的积累，这也是俗语"三代培养一个贵族"表达的真正含义。

如果说几代人累积的金钱优势有其主人，那么伴随而来的精神和文化层面的东西显然是有利于整个社会的。

再考虑到"富不过三代"的部分事实，物质和精神传承本身就不是一件容易的事。

发展必然带来不平等，而这种不平等所致的资本积累是快速发展的必要条件。所有在财富结果上要求平等的做法，不仅会在事实层面导致整个社会发展停滞，而且会极大打击人的奋斗动力。人努力奋斗一辈子，最后遗产被分出去大半，这将极大打击他的行动积极性。

不过，现在多数人最担忧的还是下一代的教育问题。正如前文所述，人们十分害怕下一代之间的差距会因为出身的不平等而越来越大。

回顾历史，文凭在过去相当重要，一个人只要有大学文凭就能有工作，只要上好大学就能被分配到更好的单位。这是一种改变命运的必然，甚至是多数家庭翻身的唯一选择。

如今，文凭固然很重要，但已经贬值得厉害。一是大学生越来越多，二是实际需求变得更加务实。也就是说，技能远比文凭重要。不管在任何行业，一个人只要能拿出过硬的作品，就不会有人在乎他的文凭。当然，过硬的标准有时是用人单位的主观看法，有时是市场的判断。

互联网给予更多人展示能力的舞台。以前，网红的门槛比较高，通常需要一定的文字表达能力，随后微博迅速降低门槛，现在音频、短视频、直播则进一步拓展了这个舞台。短视频平台现在已经变成流量最大的舞台。总之，只要你行，你就可以赢得一些关注，进而实现商业变现。

而所有这些，学校会教吗？哪个学校能快速跟上时代对人才的需求？别说这些了，比如产品经理、互联网市场运营，国内外哪个高校有靠谱的专业和老师？没有。越来越多的岗位不存在对口专业。

我们都指望教育能让一个人变成更好的自己。事实上，多数普通家庭虽然希望孩子成才，但也不敢奢望孩子能取得惊天成就，无非就是有份不错的收入。

"赚更多的钱"和"变成更好的自己"完全是两个概念。

对于富裕家庭来说，投资教育早就属于消费了。一个家庭越有钱越不在乎教育上的投资回报,教育的主要功能其实是解决父母本身的焦虑。也就是说,并不是越贵的教育越能培养出优秀的人才。

现有的教育一定是比过去强的,但我们也不要指望孩子真的能通过学校教育成才。孩子在学校需要学会阅读和基本的算术,懂得基础科学的思维方式,剩下的只能看造化。一个是个人天分,另一个是个人后天的努力程度,然而最终能否取得巨大成功还要看运气。毕竟每个时代都有无数努力的人,而能取得巨大成就的只是极少数人。

人在一生中,如果努力,就一定有饭吃;如果耐心积累,就一定会让日子越过越好,前提是大环境不要有剧烈变动。如果一个人想取得世俗意义上的巨大成功,那么家庭出身和努力都是加法而已,天赋和运气同样重要。好在人的天赋也是呈正态分布的,其实多数人都处于普通水准。

相比战争和混乱的年代,现在我们虽然有无数的问题亟待改进,但至少处于和平的市场环境。这是时代给予每个人的最大运气,剩下的就需要个人努力和耐心积累。

有份工作已经是多数人最大的福报

从友好的角度来说,哈耶克在《自由宪章》这本书里介绍得事无巨细,甚至考虑到了打工的情况,因为很多人觉得自己打工是在被剥削,不自由。《自由宪章》的第八章标题为"受雇和独立经营",文绉绉的,其实就是在讲打工和当老板。

市场经济的发展必然会让劳动者告别一个个小作坊,然后资本开始积累,有人当老板,有人打工。随着经济的发展,更多的人基本上都是打工者。这就是现代社会的大致构成。

有了资本,人们也就有了生存和发展的可能。如果每个人都觉得自己做生意更好一些,那么谁会愿意打工呢?如果很多老板因为经营不善而裁员,那么受伤的必然是更多的打工者。而市场经济发展至今,除了有些本领的人,多数人不打工是活不下去的。

我们可能会听到"打工不自由"的说法,但这跟真正意义上的"自由"无关。这可能只是有些人随口说说的,又或许他们真的很无奈,因为生活并不容易。

幸存者偏差导致多数打工者无法用更健康的心态看待那些老板。打工者并不知道这些老板是从大大小小的风险中存活下来的,创业失败的人是多数。打工和当老板对能力的要求完全是两码事。

有些人聪明、能干、学习能力强、专业技术扎实,但可能不适合当老板,甚至连职场上的中层管理者都做不好。

目前,我们看到很多企业的人事安排都存在不符合逻辑的地方,比如企业往往从业务能力强的人里选拔部门的管理者,可是业务能力和管理团队的能力是两码事。谷歌的两位创始人很早就意识到了这一点,创业没几年就找来管理经验丰富的施密特当首席执行官(CEO)。

业务能力清晰可见,管理能力则不然。企业只看整个团队的成绩显然是短视的,因为这种成绩很可能是暂时的。一个业务能力强的人不太需要人格上的魅力,但一个管理者需要。而一个管理者是否具备人格魅力,企业的最高层是很难获知的,因为这需要一种自下而上的视角。可以说,组织架构的重新调整一点也不比创业容易。

对于企业来说,合理的做法就是设置纯技能的岗位,比如个人能力突出的设计师,其有极大可能拥有越来越精湛的技术,成为行业里不可多得的资深人才。但很多企业的做法是,如果一个人的业务优秀,就把他硬生生变成管理者。这种做法导致企业不仅损失了一名优秀的设计人才,还新增了一个糟糕的管理者。另外,薪资和级别的设定也导致一个业务精英无法安心地继续做

第二章 捕捉自由的影子

业务。

其中的逻辑问题如此明显,但绝大多数存在此类问题的企业好像视而不见。人力资源部门和组织部门(如果有的话)需要深刻反省一下企业的级别和薪资体系,科学的组织架构理应有管理序列和专家序列。

薪资问题是打工者和老板之间的另一个矛盾,这里还涉及同工同酬、最低工资等一系列问题。一个人到底值多少钱是没有标准答案的,是动态的。一个好想法或者好创意的价值有什么衡量标准吗?

打工者和老板在权利上是平等的,不是竞争关系,更不是企业压榨员工的关系。而一旦认为人与企业之间存在不平等,工会就出现了。过去几十年的经验表明,欧美的工会最终都会"黑社会化"。企业之间有竞争,打工者之间有竞争,企业内部的薪资制定也不可能让所有人都满意。

市场经济发展到某些时刻就一定会出现小部分富裕群体,也就必然有富二代。富人通常都不止一个孩子,有的孩子愿意继承家族企业并为之奋斗,有的孩子则选择什么也不干。这些天生的有钱人的确很容易让生活在煎熬中的人嫉妒。

正如之前说过的,富人率先试用新发明,掏钱支持新发明使产品有了量产的可能。另外,市场中很多难以生存的文艺创作也需要有钱人支持。过去,艺术家也是由皇室或贵族支持的。

总之,若出于嫉妒而呼吁限制某些奢华的生活方式,那么最终所有人都会遭遇物质和精神上的贫瘠。既要消除成功人士造成的普通人心理上的不舒服，又要不毁掉使社会进步成为可能的力量，这是做不到的。不仅仅是审美，无论是某种生活方式还是某个可能激怒你的观点，你都不应该因为自己不喜欢、不高兴、不认可，就要求权力介入封杀。

资本的真实含义

当商品严重稀缺的时候，需求极旺，对于资本来说，能进去就能躺赢。

但问题是，遍地贫瘠，哪儿来的资本？所以，我们最开始尝试在一些划定的区域引进外资。外资，顾名思义，就是外国资本。政策宽松了，钱来了，企业家就能利用外国资本和外来的技术、经验开工厂，民众就可以出门打工了，商品也就被马不停蹄地制造出来了。

很快，这种一目了然的经济发展逻辑被各地意识到，地方政府自然有强烈的动机行动起来，也就有了一个大家耳熟能详的词，即"招商引资"。

不是每个行业都能让资本放心进入，我们有各种理由设置门槛。当然，其中有很多难以斩断的利益链，并且人们在观念上对民营企业充满了警惕。

我们国家这几十年发生的奇迹经常被称为"后发优势"。也就是说，由于庞大的人口基数，本身拥有巨大的改善生活的动力，其实是"万事俱备，只欠资本"。当然，资本也不是做慈善的，而是为了赚取更多的利润。但最终的结果是，资本和劳动的积极合作带来了繁荣和富裕，大面积解决了贫困问题。

然而，事情怎么可能完美。

即便是在多数行业都相对自由开放、法治完善的情况下，人与人、群体和群体，也不可能同步发展，更何况我们的发展是逐步的。每个年代的人都会赶上不一样的生存环境。当年富力强时赶上某个技术浪潮，就算智力一般的人也能蹭到一口财富的汤汁。加上人与人天生的差异，无论是智商、性格还是后天勤奋程度，都将造成人们最终生活水平的不同。

如果我们只着眼于努力与否，那么部分人的内心是很难平衡的。我们还是得认清现实，至少认清造成贫富差距的根本原因不是资本。

资本到底是什么意思？谜底就在谜面上。金钱是资本，名气是资本，信誉是资本，劳动力也是资本……而农村宅基地不是资本。资本的前提是确权和私有。只要是属于个人的、可交易的东西，都是资本。财富绝不等同于金钱，"资本"主义说白了就是一种保护私有财产权的主张。

没错，对于长得好看的人来说，美貌就是他们的资本。

因此，在一个承认私有财产的社会，人人都拥有资本。最不济，如果我们给人搬砖，搬砖的力气也是资本。

当经济发展到一定阶段时，增长放缓是正常的，这时大家"内卷"得厉害。因为有增长，也就有空间和希望，人就不那么累。贫富差距的问题让人把矛头指向资本。可是，一般人确实没认真想过，如果资本被肢解了，那么效率一定会回撤。

我们假设资本家就是企业老板，他们这辈子撒开了吃喝玩乐能消耗多少财富？相比他们拥有的财富，这些消耗其实可以忽略不计。那么，他们的海量财富最终都流向何处？投资、扩张、寻找新增长点，无不是利国利民的事。他们要么提升效率、丰富商品，要么创造全新的就业岗位。

除了个别非凡人士，人说到底都只关心自己的生活。如今的很多怨气既是竞争带来的，也是信息畅通加剧了身份对比带来的。一旦资本被当成洪水猛兽，所谓的市场经济就是"丛林社会"，就是"弱肉强食"。其实，这完全是错误且有害的类比。

大自然很残酷，淘汰不能存活下来的物种。人类社会有所区别，人要活下来的障碍不是自然环境，而是社会环境。在一个可以自愿交易的环境里，人要活得更好，必须贡献他人所需，无论出卖体力还是脑力。如果一个社会不再看一个人的实际价值和贡献，而是进行从上到下的权力分配，这就可能真的是"丛林社会"。这里的丛林是指权力。但在市场社会，除了一些天生残障人士，任何人都可以随便干点什么让自己活下去。

资本是很敏感的，如果整个氛围都在仇视资本，资本就只好跑路或者躲起来。如果没有资本，那么谁最惨？当然是收入越低、资本越少的人越惨。

平衡贫富差距是一件值得慎重对待的事，不是说这个目标不可取，相反，这个目标非常可取。共同富裕是一个伟大的目标，是一个好的愿景，我们需要思索的是手段。

饥荒时期，发霉的大米也会被争抢。这个简单的常识告诉我们，解决问题的关键是进一步开放更多领域，供海量的资本前去探索，争取创造更多财富、新增更多岗位。仅这一点，理论上就有广阔的空间让资本去试探。而且，民营资本花的是私人财富，即使失败也不会浪费纳税人的钱。

其实，动不动就批评资本的人，除了发泄生活的不如意，还有很重要的一点就是，这样看起来很时髦。其实，我倒是有一些不成熟的建议："资本"听上去很高大上，但太过日常，我们可以将"资本"同其他词进行花式搭配，比如"资本长效折叠""资本回路的再次增强""资本共识性逡巡回撤""资本的非理性盲动""资本的完备性割韭菜策略"……期待大家活学活用。

第二章　捕捉自由的影子

侵害的预期与不可预期

一些创作人员通常会抱怨，说作品几乎是领导握着自己的手创作出来的。我们能听懂其中的意思，实际上就是工作中有很多要求和限制。但如果真的有领导握着某人的手创作，那么某人（的手）就是纯工具，甚至都谈不上强制，尽管被握着手的人遭到了比强制更恶劣的待遇。

哈耶克对强制的解读主要在两个方面：一是造成损害，二是以实现别人（组织机构背后也是人）的某种行为意图为前提。

因此，在通常情况下，被强制的人并非"被握着手"变成了纯粹的工具，而是有一定程度的选择权。几十年前，在人只能在自己出生地活动的时候，一个人无论多么有才情与想法，都无济于事。这种状态实际上就是被强制的状态，这让无数个体损失惨重，导致整个社会也失去了活力。而这种强制背后是大型计划经济的配套措施，是自上而下的计划推演出来的措施。

强制掐灭了个人的很多可能性，这对整个社会来说是一种损失。

"强制"或者"压迫"是日常用语，比如人们会说在公司里被强制干了什么。但很显然，这不是强制，而是一种基于双方契约的自愿行为。

我们从强制带来的坏处中也能很自然地发现，如果生产资料不够分散，全部集中在国家层面，那么先不说计划的成败，个人的生活也将从"干活就有饭吃"变成"听话才有可能不饿死"。这样的环境指望人能真正积极奋斗和突破创新是不大可能的。

正因此，阿克顿勋爵说，一个不承认私有权制度的民族，缺乏自由是首要前提。

除了部分无政府资本主义的主张（这里不谈论该主张），在多数人眼里，哪怕整天把"自发秩序"挂嘴边的哈耶克也认同私有财产权和社会秩序需要权力来保障。我们就暂且称这些人为"小政府主义者"。因此，包括税收以及兵役等在内的"必要强制"几乎会持续存在。

从一种既定的现实来看，这些强制是可预见的。相比之下，那种朝令夕改的强制的破坏性则要大很多，会严重打击个人和资本的积极性。这也必然会造成很多行业的集体短视。某些行业的人并不是因为比较特别就突然变短视了，而是害怕这种完全无法预知的强制。

从损人利己的角度来分析，哈耶克认为欺诈这样的行为造成的损失几乎等同于强制的结果。我认为这里有很多值得商榷的地方，比如获取同样的金额，抢的性质显然要比诈骗更恶劣一些，因为在案发过程中，抢劫通常威胁到了他人的人身安全。

人们在生活中受到的约束显然不仅仅来自法律和政策层面。尽管约束看起来较小,但道德准则和风俗习惯在规范人的行为时实际上起到了更重要的作用。比如,正常人在生活中不太可能纠结于"要不要出门抢劫",但很多地方习俗和社会风气会给人的行为带来巨大的压力。

这些习俗和风气是长期积累的结果,其中必定有一些是封建落后的产物,但也有不少曾对社会秩序起到了巨大作用。尽管后来人们可以用理性去分辨其中值得保留的部分,但我们可以想象一下在市场经济带来的城市化尚未启动就发起推翻旧习俗的运动,这种生硬造成的破坏要大于建设本身,不管口号多么理性、看起来多么符合人性中的自由诉求。市场化带来的"破坏"也是一种检验,无论是对部分传统风俗的保留还是对其中糟粕的淘汰,都会比较自然。这也是城市更吸引人的一个重要原因。环境无能为力,但人可以用脚投票。

形势比人强：观念的力量

假设集中力量生产皮鞋

经济学的根基什么？也就是说，为什么人类需要经济学？因为"稀缺"。所以，你会发现无论是主流经济学还是非主流经济学，无论是古典经济学还是新古典经济学，其第一课都是从"稀缺"开始的。无论能否做到，所有国家的发展理念都必称带领大家一起致富。

米塞斯说，这个世界99%的问题都是因为穷。所以，"发展才是硬道理"。大家仔细品一品这七个字，真是言简意赅。

假设在未来的某一天，人人有吃有喝、有房有车，所有物质都不再稀缺了，不仅一切都免费，而且吃的都是山珍海味，开的都是豪车，住的都是独栋别墅。那么，在这种环境下，"稀缺"问题就不存在了吗？所有人从此就过上幸福的生活了吗？

其实，我们可以想象一下那种看似富足但雷同到令人恐惧的场景。有人必然希望拥有一些独一无二的东西。就好比现在，多数人都已经有衣服穿了，为啥还是挑来挑去的，还是对各种设计不满意，还是会为各种限量版疯狂呢？因为脱离了人类需求的物质只是物理学范畴的物质,而在生活语境下的物质,是一种欲望满足,是一种精神需求。

物质在理论上可以通过极致高效率的自动化来逼近极大丰富,从而告别稀缺。但精神上的稀缺几乎不可能彻底消灭,不仅因为人性欲望是个无底洞,还因为时间和空间的稀缺是解决不了的。

例如,每个人都可以免费听到周杰伦的歌。但是,周杰伦演唱会的门票是稀缺的,场地大小是稀缺的,周杰伦无法裂变出无数个自己,他本人的劳动时间是最稀缺的。

当所有女性都有几款工厂批量生产出来的包时,就一定有人希望拥有某个设计师独家设计且纯手工打造的包,而这些包必然是稀缺的。因此,只要时间和空间的稀缺无法解决,我们就不可能真的实现物质极大丰富。物质极大丰富是一种非常含糊的表述,忽略了人的主观偏好。如果你生产一堆没有人喜欢的东西,这就不叫物质丰富,而是资源浪费。

边际效用递减和人的主观偏好是亘古不变的,这导致无论是生活的满意度还是幸福感,都不可能靠某只天眼从上到下来规划安排。

我们只能从自由市场中得到它们,并且整个过程都是动态的。在物资严重匮乏的年代,谁能提供一碗白米饭,谁就是在解决稀缺问题。如今,大概很少会有人因为吃上一口白米饭而泪流满面吧。当然,我们不探讨心理层面的自我调整与幸福之间的关系,无论是儒释道还是现代心理学,都从各种角度指引过人类。

虽然经济学和心理学都是基于人类行为的研究，但不同于心理学那种深入个体情绪的诊断，经济学之所以能作为一门硬科学，原因在于一种基于不变人性的硬框架。生活本质上最稀缺的就是时间，这对每个人都一样。这个无情的事实可以说是所有思想的种子，催生出大量的终极命题。而所谓发展经济，实际上就是不断地提高效率。效率就是单位时间的产出，就是让人类的时间变得更加有价值，就是在稀缺的有限时间里创造出更多的东西。

因此，总体来说，当人们可以不用再为吃饱饭而付出大量时间时，人类肯定要更幸福一点，其本质是人的时间价值提升了。假如一个人一生忙忙碌碌只是为了有吃有喝，我不敢说他跟动物差不多，但这至少意味着他生而为人的兴趣探索、成就、自我实现等更多可能性没有了。吃吃喝喝的一生，无论用多少市井的智慧包装和粉饰，都掩盖不了贫乏和可悲。

如上所述，我并非反对类似"知足常乐"这种与幸福感受有关的自我心理调整。个体的幸福感受离不开这些，但这与个人单位时间内所能掌控的资源这种客观事实是不冲突的。

一个人是在当下更幸福一些，还是在饭都吃不饱的时代更幸福？在物资匮乏的年代，人通常是退无可退的，生存尚且面临挑战，哪儿来的时间探索创新和反思生命的意义？如今，人们可以通过精神层面的自我调整来慢慢接受现实，适当降低预期，从而平衡好欲望和能力。在累死累活都很难温饱的时代，谈幸福实在过于残忍。顺便说一下，这也是人们为什么说迄今为止所有的古装剧几乎都是一种彻底失真的高度美化。

如果我们把视野放到整个人类的发展史上，那么人类从一开始的茹毛饮血到现代化的巨大转变，本质上是在不断地对抗个体时间的稀缺性（生命有限），尽管人类行为本身可能只是源于欲望的满足，只是基因的奴隶。

还需要指出的是，脱离了个体需求的高效实则最低效，这里指的是各种一刀切的运动式操作。

如同上文所述，开动所有机器来集中力量给所有人制造皮鞋，看起来是如此高效和美好，但实际上是巨大的资源浪费，是一种极为致命的自负。

实际上，社会并不存在任何解决稀缺的办法。哪怕是皮鞋这种单品，一百个人也可能有一万个需求，其中的决定因素可能是心情，可能是广告，可能是性格，也可能是天气……

怎么办？虽然没有具体的办法，但是有且只有一个方向，那就是让愿意赚皮鞋钱的人去冒险，去试错，去适应变化。写到这里，也该让这句"不患寡而患不均"上场了。这是人性的一部分，也是影响人幸福感的重要因素。这种根深蒂固的人性弱点所催生出来的所谓"公平诉求"，确实是整个人类在发展过程中必然要面对的，而且是最难啃的一块骨头。

这不仅需要更强悍的理性去理解"绝对差距"和"相对差距"的区别，还需要更多人能在心理上接受人与人天生能力和运气注定的随机分布。在客观层面，普通人的生活能得到改善，以及同样工作时间所能得到的商品和服务变得越来越多，靠的是资本和市场的高效作业，绝不是分配调节的结果。也就是说，整个社会大盘效率的提升必将惠及所有人。相比自己的过去，所有人都能有更强的购买力，时间也会变得更加值钱。而一旦以"结果更平等"的标准去调整和分配资源，就必然会拖垮整体的效率。

当然，对不少人而言，这也许可以换来内心一时的平衡和舒坦。但要记得，这种平衡是短暂的，是不可持续的。一旦资源被长期低效糟蹋，原本在一定程度上已经解决了的稀缺问题就会卷土重来。最终，人群中谁更能扛得住，不言自明。

第三章
有些道理只是逼真

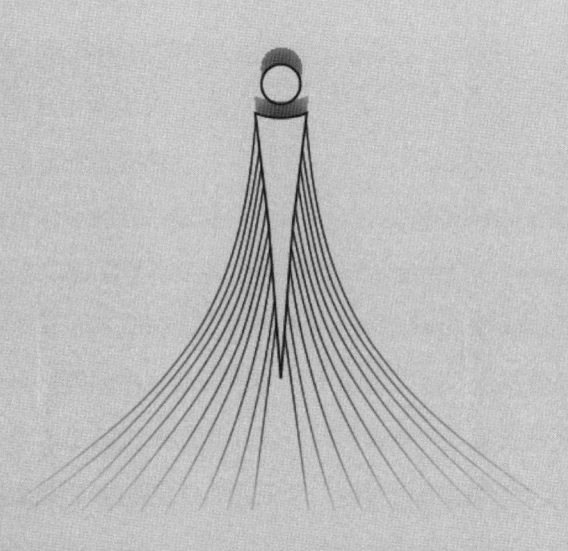

通货膨胀

我先简单说一下通货膨胀的过程。为了便于理解，你可以想象一下多印了纸币，但这些钱没有平均分给所有人，总有率先接触到新钱的人，他们是与机会更为接近的一些机构以及能拿到大笔贷款的人。有了这些新钱，相关的企业就会投资和扩张，新钱就顺势流入市场，因此第一拨拿到新钱的人是获益者。是的，你没看错，贷款买房的人是通货膨胀的受益者之一。等到价格上涨的信号逐步蔓延开，直到普通人都能敏锐地感觉到物价压力，他们的名义收入也会因为新钱的涌入有所提升，但是实际购买力就不好说了，这要看经济发展的整体效率如何。比如，现在很多商品的价格上涨了几倍，但电子产品越来越便宜。这是因为电子产品的生产效率指数级提升，以至完全抵消了通货膨胀对购买力的削弱。

我们遗憾地看到，通货膨胀是一个"劫贫济富"的过程。其中，受伤害的是大量的普通人，尤其是低收入人群。

如果你理解了上面的过程，那么平均给所有人发钱的道理也就是稍微拐了一个弯。除非大家都把钱存起来，让这件事看似没发生，但这是不可能的，一定有人会把钱花掉。那么，理论上率先花掉这笔钱的人的确是占到便宜了。无论是政府超发货币还是给所有人平均发钱，最终都会造成通货膨胀。

经济发展的本质不是名义货币量的增加，否则给每个人发100万元岂不是一下子就解决了所有问题？想象一下，如果人人突然喜获100万元，那么结果是什么？根本不需要等到第二天，物价瞬间就会飞到天上去。所以，经济发展的实质性指标是商品和服务在数量和质量上的提升。印钱和发钱都没有改变市场上现存的商品和服务，只会带来通货膨胀。

"刺激消费拉动经济增长"这个说法不新鲜。一直以来，我们都有扩大内需的口号，这里面包括投资需求和消费需求。主流经济学和媒体经常强调投资、出口、消费是拉动经济增长的三驾马车。因此，人们瞧不上储蓄，总是在强调流动性。

但消费用得着刺激吗？需求用得着刺激吗？

我们挡不住各国政府在经济危机期间的套路式做法，也就是政府主导的扩大投资。一方面，这样可以刷出好看的GDP（国内生产总值）数据；另一方面，这的确创造了就业岗位。但问题是，这些巨额投资是不是有效投资？是不是正当需求之下的投资？如果仅仅是为了解决就业问题，那么能做的事情有很多，比如企业扩张、大学扩招，甚至可以把一份工作拆成无数份。有经济学者举过一个特别生动的例子：如果给每个人发一个勺子来代替挖土机，这岂不是增加了上百倍的就业量？但正常人看到这里一定会觉得这样做很荒谬。

在短期内，刺激经济可以交出一份特别不错的经济成绩单，但这不是真实的需求，也违反了规律，很快就会出现更加惨重的问题。过去，那些因扩大内需而硬投资留下来的"遗迹"遍地都是。这些当初看不见的浪费没人再提，这就叫"好了伤疤忘了疼"。

正常人大概都能懂发展经济的核心是解决稀缺问题，从无到有再到物质极大丰富，然后追求更优质的商品和服务。只要人类的欲望和想象力没有尽头，发展就不会有到头的那天。也正是这种发展的可能性，激励和鼓舞着人类盼望未来。当然，一些人并不觉得让行政计划决定生产投资有什么问题。真正的问题是，这个过程失去了价格信号，而人的需求有很多，并且时时刻刻都在发生变化，只有市场能更快速和高效地通过价格反映出来。计划经济则丧失了这样一个信号，而这些是人工智能也计算不出来的。这是个"复杂问题"，根本不是能计算的问题。

人们如果有了真实的需求，就自然会消费。如果政府强硬地刺激消费，那么即使短期内有个别企业受益，也会让企业（包括私人企业）坐享其成，从而失去创新的动力。企业会觉得，无论生产什么，都有人在刺激消费——帮忙清库存。如此这般，发展和创新必然受阻。所以，我们说扩大内需，这个内需到底是由谁发起的很重要，是企业端的创新（包括降价、促销等各种营销模式）还是政府端的补贴（仅仅为了帮助消耗库存）。

同样是为了促进经济的发展，相比之下，减税才是王道。真正的减税既拓宽了市场，又能真正唤醒民间的经济活力，而且不会对整个经济结构造成影响，仅仅是减轻负担。有些政府帮助企业的做法是，给予企业利率上的巨大优惠。对个别企业来说，它们能拿到钱，是实实在在的受益者，当然它们也有可能判断错误，盲目扩张。虽然企业在决策上犯错是难免的，但低利率给予了企业错误的信号。所以，政府层面刺激经济的做法是饮鸩止渴，虽然确实能在短期内见疗效，还能给出不错的GDP数据，但实际上已经埋下了更大的隐患。

等到问题出现，人们会说："你瞧瞧，市场经济爆炸了吧！早就说了市场不是万能的！"

市场是什么？其实，市场是个不存在的东西，很抽象，仅是一种发展的规则。真正在行动的是人，是人就会犯错。有的人会把企业经营倒闭，有的人会抱着侥幸心理提供假冒伪劣商品，这些都是不可避免的。但你不能说这就是市场的缺陷，其实这是人性的固有缺陷导致的。也正因为有了这样的人性缺陷，我们才需要制度，市场就是一种无形的奖赏规则。当然，我们必须引入更完善的法治来保障市场里每个人的权益。企业即使冒险失败，也是花自己的钱，只能认栽。如果企业涉及诈骗，则该法办就法办。公平竞争是最好的监督，也最有利于全体消费者。

警惕环保主义

我先声明一下：环保很好，我们都希望生活在一个漂亮、干净、卫生的环境里。但是，环保发展成环保主义则是致命的，会严重阻碍社会繁荣与发展。

我不反对环保，但是我们要警惕环保主义的盛行。

随着经济发展，尤其是现代工业化大生产，环境必然会受到影响。有些人（主要是媒体人和知识分子）仅仅是抬头看看浓烟、低头看看污水，就开始痛斥发展的代价过于高昂。他们有这样的忧虑自然没错，但是做什么事情都有代价，说到底就是要平衡好成本、收益和效率之间的关系。我们不能只看自己想看到的，而不去面对背后的基本事实和逻辑。

在"9·11"事件发生后的一段时间里，很多美国人都不敢再乘坐飞机，宁愿长途开车。结果，在"9·11"事件之后的几年时间里，美国因交通事故死亡的人数大幅攀升。其实，我们大可不必对乘坐飞机感到恐慌。我们且不说"9·11"事件之后美国的航空安全系数必然提升到前所未有的高度，即便只是日常的出行风险对比，飞机的安全性也是大大高于汽车的。

然而，这种有强大的科学和数据支持的常识被恐慌淹没了。

其实，很多人对一次性餐具、塑料袋的恐惧也是缺乏常识的。随着媒体的发达，不管是电视还是报纸，总可以给人展现一些极其震撼的画面，比如，一望无际的垃圾山似乎要铺到地平线上，成群的大型生物尸体排成排。任何一个正常人看到这些画面，都会感受到生存的威胁，为地球忧心忡忡。

这种操作就好比我们对着自己家厨房的垃圾桶说，这就是我们的生活环境！这很显然是一种误导，因为客厅和卧室明明很干净。

如果我们认可现代社会的衣、食、住、行离不开工业化生产，我们就得接受污染的存在。问题在于，我们如何把污染和生活区域合理地区隔开。

具体解决污染这种所谓的外部性因素有很多方案，比如早就有经济学家提出的采购污染权限，就是让企业承担一些成本来为自己的废气排放买单。这是不是最优的方案有待商榷。具体的操作方法此处就不展开讨论了，这是经济与法制的实操。至少大家是在寻求解决办法，而最糟糕的办法是一禁了之。

我们的地球真的没有那么脆弱。另一个更重要的事实是，地球并不天然地为让人类生活得更好而存在。恰恰相反，正是人类一路上都在应对无情且恶劣的自然环境，才换来了当下更舒适的生活。环保主义的"反人类"正源于此，这种思潮率先考虑的是花花草草，而正常人应该想到的是让人类的生活变得更美好。

如今，净水器正在大量普及，从自来水到可以直接饮用的更优质的水，这不是大自然赠予的，而是技术积累和经济发展的结果。大自然既没有义务也不会提供经过消毒的水，它是没有目的的，只有人的行动才有目的。

我们务必从成本的角度全盘考虑问题。如果环保的成本高昂，那么它可能就不是环保的。

以一次性餐具为例，本来一次性餐具是安全、卫生且成本不高的。若饭店被禁止提供一次性餐具，且不说店里的厨具是否能做好消毒工作，就算消毒到位，后续餐具的清洁成本（水、洗涤用品、人工）是多少呢？这些都是要算进去的。另外，清洗餐具的废水难道不污染环境吗？水资源不珍贵吗？因此，禁止使用一次性餐具到底是更环保还是更不环保？这是一个值得认真对待的问题。

有些人认为，如果空气和水源被污染了，那么经济发展了又有什么意义呢？这是错误的理解。

例如，深山老林里的泉水真的很干净吗？不要迷信这些了，其中有很多微生物和细菌。干净的水一定是经人类处理过的。人类从茹毛饮血开始，就一直在和大自然对抗，是通过一步步地解决大自然的不宜居问题才有了如今的生活。大自然是不宜居的，比如，有的东西需要煮熟了吃，人冷了要穿衣服、热了要开风扇，这些都不是大自然提供的。相反，这些都是人类利用有别于其他动物的智慧改造大自然的结果，即文明的成果。

我们千万不要对大自然有谜一样的幻觉。偶尔出门踏青，人确实会感觉神清气爽,但这与大自然不宜居的事实并存。我可以这么说,对人类祖先来说,地球生存环境的恶劣就如同如今的火星之于人类一样。人类祖先好不容易一步步地解决了大自然的不宜居问题,现在一群人却要把大自然还给地球。享受现代文明的环保主义者都很不道德。且不说他们的观点对错,诚实的环保主义者至少应该彻底远离工业化制品,赤裸地去大自然里过真正的环保生活。这并不是抬杠,而是知行合一,否则环保主义者的一些观点就是极其虚伪的。

环保是好事,爱护环境人人有责,但环保理念很容易滋生环保主义。

第三章　有些道理只是逼真

萧条是通胀还是通缩？顺便聊一下投资理财

自新冠肺炎疫情暴发以来，也许不少人还在从历史书上寻找大萧条的对应痕迹，甚至会问，世界是不是要发生经济危机了？

身在历史中的人总是后知后觉，等到回顾历史才发现，原来某一个年份是发展的低谷，是萧条，社会新闻也报道出了很多故事和数据。但当时身在其中，人们并不会有多么强烈的感知，只是感觉生活变难，比如工作更难找、物价悄悄上涨。萧条并不会主动站出来说："大家好，我来了。"

前阵子，商场里儿童游乐场的工作人员打电话促销，说以前玩一次的价格现在可以玩一个月。但我估计游乐场的票依然很难卖出去，因为疫情之下不会有家长敢贪这种小便宜。线下很多实体店能撑多久，完全是未知数。因为没有人知道疫情会延续多久，这种不确定性让资本瑟瑟发抖。

目前，为了应对萧条，各国解决的办法都差不多，政策工具箱里的工具都是量产的，比如降息放水。所以，你也许会奇怪，为什么不见物价猛涨？其实，这是萧条时期的不同阶段的反映。

有网友发现，海底捞恢复堂食之后涨价了：自助调料10元一位，米饭7元一碗，小酥肉50元一盘……海底捞相关负责人回应，涨价是受疫情及成本上涨的影响，但整体菜品价格调整控制在6%，各城市实行差异化定价。

海底捞的回应就是例行公事，没什么值得深入研究的，只是基于市场需求的一种判断。如果海底捞是一个儿童游乐场，那么别说涨价了，免费都未必有人敢带孩子去。随着逐步复工复产，在家憋坏的人拥入火锅店，对于海底捞来说，涨价是一个很合理的策略。任何商家的价格调整都是无可厚非的，如果多数人嫌贵而不再去消费，那么商家为了吸引顾客必然会降价。

这些是很基本的常识。消费品市场物价的涨跌，不仅跟货币供应量有关，也跟供需状况强相关。但多印出来的钱，如果不是全部都流向债券和股票，就必然会流入生产和消费市场。等到经济慢慢恢复过来，全方位的消费品涨价大概率是难以避免的。

为什么有些国家，比如日本，都实行零利率了，还被说成"通缩"？为此我特地请教了几位老师，这里综合一下老师们的解释："当市场中企业家的投资生产意愿不足时，日本央行通过货币政策强行扩张信用，生产出来的广义货币（大部分）就只在金融化的资产端流转，不进入真实的商品生产市场。至于媒体上说的通缩，实际上讲的是物价下跌，因为整个日本社会的经济低迷，整体货币的流动速度不强，但多年来消费品生产效率是在逐步提高的，所以消费品显现出价格下降的通缩效果。但这也必然会扭曲资本和生产结构。整体上，日本经济基本面并不健康。"

如果你没读懂上面这段话，没关系，结论就是：危机来了，很多个人和公司的资产缩水，但他们要还债，就得贱卖资产，而这会产生连锁反应。也就是说，萧条期常见的现象包括各种商品和服务的贱卖以及整个市场的不景气，让人觉得萧瑟。但是，等市场渐渐恢复，印的钱跟原来的钱流速恢复，刺激的效果就出来了，水涨船高，通货膨胀也就来了。

你也一定在为自己口袋里的钱必将被稀释而担忧，甚至寝食难安。你也许会花钱去听理财课程。实不相瞒，我不懂理财，但我认为多数理财课程都不靠谱。

投资是门学问，不是谁天生就懂的。我们可以花时间去学，听听真正的投资界"大佬"的方法论（其实就是那几本经典的图书所讲的），然后拿点闲钱（交学费）去股市里实操一下就明白了。投资理财是一门实践课，与所有需要实践的课程一样，光有理论完全不行。

一个真正厉害的投资大师不可能靠分享投资秘籍赚钱，这是毫无性价比的操作。当然，你想买个安心也挺好。毕竟过去几年楼市暴涨的时候，不少人愿意花好几千元问一些"房地产专家"买哪里的房子好。中国市场丰富多彩，算命师永远有市场。

另外，从长期收益率的角度来看，发达国家的统计数据大多表明，股票和基金通常是优于房产的。股市里流传着这么一句话：七赔二平一赚。甚至有人说中国股市里能赚钱的散户不会超过5%。也就是说，多数人在股市里亏钱了。

普通人要想真正在投资上赚钱，除了去看书加实践，我不知道还有什么更好的办法。我也很想当股神,奈何天分不够,只能多花时间一点一滴研究,可惜至今依然稀里糊涂。好在我心态比较可控,接受自己是几乎不可能有暴富机会的普通人这个事实。对于普通人来说,只要有耐心,就有可能走得更远。

查理·芒格说,假设你面前有一个非常棒的投资机会,在可见的未来肯定能获得12%的年复合收益率,但是要求你从此不再接受别的赚钱更快的机会,那么大部分人是不愿意的。但总有人赚钱比你快,跑得比你快,或者在其他方面比你快。从理性的角度来思考,一旦你找到了一个行之有效的赚钱方式,还非要在意别人赚钱比你快,这在我看来就是疯了。

中国股市中的多数散户瞧不起12%的年复合收益率。我们理应保持谦逊的态度,多多琢磨大师的话,尽量不要变成疯子。

如果你不懂投资,也不愿意学习,那么最保守的方式就是勤俭节约。虽然钱会被稀释,但总比不懂又胡乱投资强。巴菲特说,一个什么都不懂的业余投资者,通过定期投资指数基金,竟然往往能够战胜大多数的专业投资者。

定投基金要简单很多,但也需要自己稍微了解一下,毕竟不是储蓄,买的时间点不对依然会亏。我不懂投资,也没有太多时间去钻研。所以,我就听巴菲特的。我选择的都是保守策略,不亏钱是首要任务。

如果你没有足够的耐心,又想要发笔横财,那就是另一种思路了。

以上就是我在投资理财方面的粗糙看法(非投资建议),总结如下。

第一,远离所有理财课程(包括但不限于收费的房地产投资课、股评师荐股课等)。

第二,普通人保守一点,活得久更重要。

第三,投资是一门实践性比较强的学问,需要学习(该踩的坑,别觉得自己是例外就可以绕过去)。

第四,或许这个世界上有神奇的致富秘籍,但很遗憾我没有。

经济萧条之下,每个人都会受到不同程度的影响。挺住意味着一切,祝我们都好运。

你觉得外卖小哥被压榨了吗

最近，快递和外卖被禁止进入小区的做法引出了一个十分古老的荒谬观点。

我们的快递和外卖服务可以说是目前这个星球上最领先的，没有之一，这一点在国外生活过的同学应该体会更深。一种荒谬的观点是，国内物流和外卖服务的发达在很大程度上是基于对底层人民的压迫，比如武汉外卖小哥在疫情防控期间还送餐，这让不少人觉得这些工作不人道。

对于这种观点，最简单、最直接且正确的回应是：如果不送外卖，他们难道有更好的选择？出于自愿的行为，何来压迫一说？恰恰相反，很明显，送外卖是当下他们能找到的最赚钱的工作了。

对于懂这个道理的人，我们无须多说。但对于不懂的人，一句简单的话是无法解决他们内心的疑惑的，他们总会在某些时刻感慨整个社会的贫富差距等问题。在这个社会，比送外卖辛苦且收入更低的工作多的是，就更不用说那些风险更高的工作了。

以前有人说，人口红利只方便了有钱人割韭菜，言下之意是中国庞大的底层人口在供养着整个社会。他们认为，正因为人口太多了，人力才不值钱。所以，他们得出的结论是，人越少越值钱，这样底层人民的收入也会相应提高。

这样的思考很符合直觉，物以稀为贵，人力也不例外。如今，我们之所以能享受便宜的快递和外卖服务，就是因为中国有相对廉价的劳动力。那么，假设中国的现存劳动力少了一半甚至去掉五分之四，外卖小哥的收入会翻倍吗？其他相对低收入群体的收入会随之翻倍吗？

这种"想当然"的认知不仅催生了人们对贫富差距的怨念，而且很多错误的政策都是以此为基础的，比如"最低工资"就是该认知下的产物。而我们只需要用一个反问来反驳：为什么最低工资不给到人均百万元的年薪呢？

核心的原因是，人们认识不到发展到底是怎么回事，以及繁荣是怎么来的。用比较时髦的话来说，很多人对社会发展的认知缺乏底层逻辑。

从穷到富的秘密是什么？简单来说是生产和交换。我简单梳理一下经济发展史：

> 农耕时代，人们大体饿不死，但不会有更长远的发展，经济结构简单且脆弱。但发展的脚步是停不下来的，无论是靠运气还是靠努力，有人逐步积累了更多的物资，成了

大户人家，这算是最原始的财富积累。我们很难讲清楚分工是从什么时候开始的，人们各自寻找自己的优势，这跟人们所处的地理环境和个性等均有关。积累和分工带来了更广泛且深入的交易，这就进一步促进了效率的提升。最终伴随着科技的发展，人类迎来了工业革命，也就有了机械化大生产。

整个人类的发展史非常清晰地以工业革命为分界点，因为人类从此时起的生产模式完全变了，效率更是不可同日而语。如今，很多人羡慕欧美发达国家整体上的富裕生活，很多人还以为人工值钱的原因是人口少。他们完全不知道在工业革命早期，英国的纺织厂和矿井里有大量的童工，随便一张记录他们生活的照片都会让人流泪，当时包括狄更斯在内的很多欧洲作家都声讨过工厂的"压榨"。

为什么会出现这种情况呢？因为穷。在正常情况下，经济要发展就离不开资本积累和自由市场。改革开放以来，中国经济的突飞猛进不是后发优势，而是因为给人力松绑，是很多穷怕了的人夜以继日地努力工作，是一代又一代人前仆后继的积累。

无论是送快递还是送外卖，都是顺应时代发展、商业创新诞生的工作岗位。如果送外卖的收入不如之前的工作，那么不会有人送外卖。经济只有发展了，才会提供更多相比之前收入更好的岗位。如果我们一厢情愿地觉得应该提高外卖员和快递员的收入，比如"最低工资"，那么结果只会让更多外卖员和快递员失业。

老实说,如果一个人觉得外卖小哥不容易,那么他在每次叫外卖的时候给对方发红包是最实诚的做法,尤其是在恶劣天气下叫外卖应该主动加钱。这要比只沉浸在自我感动中优雅体面得多。

形势比人强：观念的力量

医生的高尚需要更好的医疗机制呵护

想象一下，你无缘无故被人打个半死，醒来之后想做的第一件事是什么？打听一下凶手到底受到了什么惩罚，这是很自然的事吧！我们如果处在一个可以自由复仇的社会，那么毫无疑问要让对方付出应有的代价，这种心理无可厚非。在文明法治的社会，作恶者必须接受惩罚。

但生活总得继续，在遭遇这样的意外后，我们如何面对后面的生活又是一道新的难题。

置身事外，我们很容易说一些毫无实际用处的安慰套话：算了算了，都过去了，还是得积极乐观面对生活，不是吗？这句话自然完全正确，但我们要让别人立即接受是很难的。受害者若选择仇恨这个社会，似乎也情有可原，尤其是想到自己一辈子安分守己，这种不公平却落到自己身上。遭遇这种事，大部分人的心态都很难迅速平和下来，这是完全可以理解的。

当看到陶勇医生于2020年接受《南方人物周刊》采访时说的这段话，我无法不被其无比高尚的人格震撼。

第三章 有些道理只是逼真

无论他受到怎样的法律制裁，我还是我，我个人的未来幸福不幸福、我高兴不高兴，其实跟他没什么关系，我能想得开这件事。如果我不停地把自己陷入仇恨，绕不出来，甚至去报复他人和社会，那我就变成了第二个他，那就是传染病。如果我还是这种水平的大夫的话，我会认为自己不够优秀。①

这段话真的充满了人性的光辉。通常，悲剧很容易让人陷入对整个世界的怀疑，并因仇恨和虚无产生自毁倾向，但陶勇完全没有。这是个人在遭遇灾难后所能显露出来的善的最高境界。不得不说，陶勇医生真的太了不起了。

谈到那个伤害自己的病患崔某，陶勇回忆当时忍着腰伤为其做了两个小时的手术，并且帮他节省了不少费用，很照顾他。陶勇想不通为什么对方会拿刀砍他。

崔某砍人恐怕没有一个能说服任何人的理由。是心理扭曲还是因为别的？在砍人的事实面前，这些都不重要，他必须接受应有的惩罚。

现在我们把聚焦于陶勇被砍事件的镜头拉远，看看过去这些年的所有医患纠纷。跟那些因冲突而死去的医护人员相比，陶勇医生算是逃过一劫。

2018年，中国医师协会发布的《中国医师执业状况白皮书》

---

① 参见《陶勇：我看过太多悲惨的命运，更能承受打击》，《南方人物周刊》2020年2月27日（总第623期）。

显示：有66%的医师曾亲身经历过医患冲突事件，超三成的医生有被患者暴力对待的经历；在近十年中国媒体报道的295起伤医事件中（不包括港澳台地区），共有362名医护人员受伤，99名医护人员被患者持刀具袭击，24名医生在医患冲突中失去生命。

而且，医院的级别越高，伤医事件发生的频率就越高。在十年内见诸报端的暴力伤医事件中，有七成发生在三级医院，其中三甲医院就占了一半以上。

在《南方人物周刊》的那篇报道里，陶勇的同门师妹老梁介绍了美国的分级诊疗制度。美国人看病先选择家庭医生，家庭医生可以搞定简单的疾病，一个人只有得了疑难杂症才需要家庭医生帮忙转诊到对应的医院。在美国，"家庭医生制度"被称为医疗卫生体系的"守门人"制度。美国家庭医生数量占医生总数的80%以上，其初级医疗服务分流了大部分病人。也正如老梁介绍的："要是没有什么重症，你是见不到像陶勇这种专家的。你一般都是在家庭医生那边看，也就是说大部分人此生只见过我这种家庭医生。除非你要动手术了，你才会见到陶勇。而现在是你有个结膜炎都可以挂陶勇的号，所以他的工作量好大。"

一个人如果只是感冒发烧都要去找专家怎么办？美国人的主要治疗费用由医疗社会保障体系和保险供应商支撑。如果患者不通过家庭医生进行转诊，直接去看专科医生，那么很多保险公司是不给报销的。说到底，就是一个价格门槛横在那里。

我们都知道，如果手指破了，我们买个创可贴就行了，没必要去医院挂号。对于阑尾手术来说，一般的二甲医院就可以搞定，但很多人会去三甲医院。很多三甲医院的手术都排到半年后了，有些二甲医院的病房则空空荡荡。

美国的医疗体系是不是最好的，我们暂且不谈。但我国医疗资源供给与需求的失衡是显而易见的。如果我们的三甲医院也设起价格的门槛，那么医院一定会被骂死。也就是说，这里有两个显而易见的问题：第一，总体来说，医疗资源还是稀缺的；第二，市场缺乏更自由的价格调节，无法阻止得了角膜炎的人去找陶勇这样的顶级专家。

另一个巨大问题是医护人员形象的扭曲。一方面，我们的媒体喜欢神圣化医护人员，赞美他们是白衣天使，以至人们对医护人员有着不切实际的期待，好像他们必须跟神一样无所不能，有求必应。另一方面，过去药品统一定价的确导致一些医生为了更丰厚的回扣而乱开药，在这个问题被媒体曝光后，人们对医生群体很失望。再加上对医疗知识的无知，所有这一切都让患者和他们的家属充满不安全感，一旦有些不对劲就觉得医生要害自己。

这次疫情防控中涌现了很多高尚无比的医护人员，我们为之感动。但如果有机会做个民调或者仅仅是留意下平日里网络上对医生这个群体的评价，我们就会发现负面评价也不少。扭曲的供给造成了糟糕的体验。一方面，患者觉得自己没得选，只能千里迢迢专程来看病；另一方面，医生的处境也好不到哪儿去，每天看几十个病人是常态，从早忙到晚。双方的这种情绪摩擦，真是一点就着。

在医患矛盾中,有人说因为信息不对称,并且患者有求于医生,所以患者是"弱势群体"。但是反过来,类似陶勇这样的顶级医生拿着与其医术并不匹配的收入,还随时有生命危险,说医护人员是"弱势群体"也完全说得通。这就诞生了一种极其诡异的关系,本是一种自愿交易的服务,不知为何双方都成了"弱势群体"。这一切都是因为整个游戏规则出了问题。

如果我们想通了医疗并不特殊,人的行为逻辑在医疗行业里并不会突然变异,我们就应该相信,最优解依然是市场主导调节供需的平衡。美国的分级诊疗制度并不复杂,只需设置规则来分流。社区医院便宜,三甲医院根据供求的实际情况涨价,自然会让很多人不因一点小毛病就去挤占稀缺的专家资源。价格要比道德说教有效一万倍,类似陶勇这样医术和人品皆一流的医生享受更高的报酬简直不能更合理了。

善待医护人员不应该成为一句空话。加强医院的安保,或者把闹事的惩罚力度提高,只会给人一种虚幻的安全感,这不是解决问题的根本。也就是说,即使再也不发生任何医患冲突了,也不意味着我们的医疗制度就没问题。冲突只是当下医疗制度的必然产物之一,仅医务人员的激励不足一项就足以让大量的潜在医务人员流失。

陶勇是个伟大的医生,但我们不能要求一个职业里的所有人都像陶勇一样伟大。这不合理,也做不到。医护人员队伍里必然还有像陶勇这样医术和人品皆一流的人,他们需要得到更好的呵护。我们不应该等到悲剧再次发生之后流泪和愤怒，对已经受到伤害的人而言，这些都很廉价。为什么我们不一开始就在规则的设定上尽可能避免悲剧的发生呢？

更好的医疗制度是真正关乎每个人的切实利益的。

形势比人强：观念的力量

切忌反市场的心态

如果你有机会观察两三岁的小朋友就会发现，人天生对物的归属权就有概念。我的就是我的，有些不是我的我也想占有，但小朋友经过多次教育就能明白：哦，这不是"我的"。对外界所有权的界定可以说是人类的天性。在小朋友的眼里，"我的东西是否拿出来分享或者交换是我说了算的"。他们在这个过程中逐步明晰了对占有物的支配感。这种能力大概跟学会使用工具一样伟大。

这一切让交换变得水到渠成。我们从这一点上甚至可以认为，生产与交换是根植在人类基因里的。但从人类历史各种制度的变迁来看，很显然事情没有这么简单。

在"我的就是我的"基础上，人类很难克制"你的也可以是我的"这种暴力掠夺倾向。这一点也可以在两个小朋友的日常互动中察觉——抢玩具这件事是没完没了的。战争就是人类为这种天性所付出的沉重代价。人类的发展史甚至可以等同于不间断的战争史。

人聚集在一起之后诞生了等级,也就有了群落,有了国家。改朝换代,贯穿始终的是权力。权力让事情变得复杂起来,因为权力是合法的掠夺。那么,争权夺利或者混进权力的一边也就很自然成了社会中的一个规则。权力的持续需要的是掠夺的艺术,需要平衡好力度,长治方能久安。古今中外,"城头变幻大王旗"本质上是权力的反复失败。

掠夺的前提是有东西可夺,因此聪明的权力应该明白,如果宿主死了,它就没得寄生,切不可杀鸡取卵。对个人而言,生活要充满希望。因此,经济发展变得尤为重要。欧洲近十年来的所有街头抗议或罢工等运动,无一不是跟经济衰落有关的。人类社会作为一个群体,绝大部分问题确实仅仅是经济问题。也就是说,人们只要日子过得好,其他问题确实没那么重要。

经济发展需要生产和交换。交换的前提是产权的明晰,即"我的就是我的"。但是,人类发展至今,无论中外,为什么依然有那么多反市场的力量?

人是善妒的,一个人想要学会不眼红,除了天性更乐天一些,还需要正视这一缺陷。嫉妒源于差距,包括与身边人的差距以及与同龄人的差距。

人们对平等的追求就像条件反射,但追求绝对平等的倾向会蒙蔽双眼。

有个心理学实验是这样的:200个需要换肾的人分成A组和B组,排队等100个肾源。多数人会怎么分配呢? A组分50个肾源,B组分50个肾源。A组患者进行器官移植手术后的生存率为 80%，而 B 组患者进行器官移植手术后的生存率为 20%。研究中，超过 1/4 的人仍然将活体肾脏平均分配到两组。然而，这个决策将导致 30 个患者死亡（如果将 100 个肾源全部分配给 A 组，能救活 80 个患者；如果使用公平启发式理论，则只能救活 50 个患者）。

然而，市场的车轮一旦开始运转，就必定会因为时运和能力让人与人的财富拉开差距。差距和经济的进一步发展互为因果。只有积累足够多的资本，我们才有可能提高效率。自由市场带来的差距，造成人内心的不平衡，这种不满随时可能借助一些事件表现出来。米塞斯全面地解释过这种贫富差距造成的多数人反资本主义的心态。

市场造成的差距至少是在公平竞争下的，而且差距会被人的慈善之心弥补。当然，你可以认为这是我一厢情愿的看法。其实，更大的不公平和更大的隐形伤害是每时每刻我们的购买力都在被稀释。

很多人尚未意识到这种"劫贫济富"的运作。但正是货币的持续贬值，物价静悄悄地上涨，让任何人都不敢松懈下来。也就是说，市场固然会造成贫富差距，但更不公平且静悄悄的持续性掠夺造成的等级差距其实更严重。其他方面尤其是土地、医疗、教育的管制造成的稀缺，同样极大地加重了现代人的生活压力。

现代人感觉自己永远在被追赶，根本不敢停下来，没法不焦虑。而所有的这些不满，都会让很多人开始怀念过去的集体生活。人为了某种安全感是愿意放弃自由的。

一个人年纪越大越能对这样的心态表示理解。但矛盾在于，这是不可持续的。历史经验也告诉我们，天下没有这么好的事，一切都是发展规律的必然结果。

如今，很多人依然希望有更多的公立医院和公立学校。其实，这相当于在期待一件不可能的事情发生。财政的钱不是从天上掉下来的，政府不可能无所不能，否则任何国家都可以打造出"天堂"。

这些观念对个人的实际生活有指导意义吗？其实，用处不大。但与此同时，我们确实也不能否认由多数观念形成的舆论力量一直在暗中推动社会前进或后退。这是分开的两件事，比如，一个整天喊着劫富济贫的人可能正在很努力地赚钱，一个认同市场理念的人也可能好吃懒做。

生活，各有各的不容易。尽管有待进一步松绑的市场存在各种问题，让人因恐惧而焦虑，我们一时半会儿都没办法，但是我们得继续奔跑，得更务实一些。财务自由从来都是少数幸运儿的事情。除此之外，我们也应该认清一个事实，即如果没有市场经济，恐怕大家都还在"吃土"。所以，不要因为生活艰难，我们就把气撒在市场竞争上。一旦社会上反市场的气息浓郁，每个人的生活恐怕只会更难。

形势比人强：观念的力量

猪肉涨价才合理到底是什么意思

2019年11月初，曹德旺在第三届中国企业改革发展论坛上的发言提到了猪肉涨价的事：

> 1978年改革开放，那时候还是一个寒冬，还是一个票据时代，中国真正告别票据时代到今年才24年。那时候的猪肉多少钱？两块多钱一斤。我的工人有多少钱？他们的工资才30块钱一个月。现在多少钱？现在平均工资要7000块钱，工资涨了200多倍。猪肉涨了多少钱？从两块多钱一斤到现在的20几块钱一斤，才涨了10倍。就按照60块钱一斤来算，也才涨了30倍。我们应该大胆、勇敢地接受这些农副产品涨价。可能涨价是合理的，不涨价才是不合理的。

事情过去差不多十天后，却突然成了热点。多数人看完这段话都会不高兴，媒体更是凝练出吸睛的标题：曹德旺谈猪肉涨价，应大胆接受，不涨价才不合理！

第三章 有些道理只是逼真

一点悬念没有,在所有相关报道的评论里,曹德旺被扫射成了"蜂窝煤"。

曹德旺的发言肯定是有问题的。但问题不在于发言所表达的观点,而是逻辑过于跳跃,并且很容易让人总结出错误的因果关系。

猪肉多少钱最好?当然是越便宜越好。但是,猪肉为什么涨价?因为供给变少了。如果不允许猪肉涨价,那么猪肉的供给只会更少。只有涨价才能让猪肉变便宜。

人们是如何感知自己的生活变好的呢?最直观的是收入增长了,也就是赚到更多钱了。但钱只是交易媒介,社会变繁荣的根本是商品告别稀缺,变得更加充裕,并不是钱越多越好。否则,给每个人多发钱就好了,比如每个人每月领100万元,人均年收入上千万元。这样大家的日子是不是就变好了?显然不是,因为对应的商品没有增加,反而会导致物价大涨,钱变得不值钱。所以,金钱的购买力非常重要。

我们再看曹德旺说的,以前一个人每个月赚30块钱,猪肉两块多钱一斤。一般人根本不舍得吃猪肉,这也是真实历史,很多人逢年过节才有机会吃上肉。原因不是人们账面上的工资低,而是猪肉稀缺。如果人均工资为30块钱一个月,而1块钱可以买一吨猪肉,那么谁会抱怨猪肉贵呢?

在过去40多年里,每种商品所在领域的开放程度不一样,每种商品的需求也有强弱之分,这就导致了不同商品的稀缺程度不同。所以,曹德旺用几十年的工资涨幅和猪肉价格涨幅来论证涨价的合理性显然有问题。但他的结论没错，也就是"涨价是合理的，不涨价才不合理"，这遵循的是市场规律。

曹德旺用收入涨幅来论证猪肉涨价的合理性，给人的感觉是全国人民忙活了几十年，收入只是名义上的提高。那就不是经济发展了，而是印钞游戏。所以，我特别理解舆论对曹德旺的攻击。

但曹德旺是谁？他是精明能干的玻璃大王，是从改革开放中成长起来的本土企业家，是首屈一指的慈善家。他对经济和社会问题的洞察极其敏锐，就连美国工会玩什么把戏也一望便知。所以，曹德旺所说的话怎么会是人们以为的那个意思呢？

过去，我常常强调大家要学会看新闻，学会理解一些靠谱"大佬"的言论（当然胡说八道的"大佬"也不少）。很多时候，"大佬"的发言不是辩词，也不是论文，甚至前后没有任何因果关系，只是恰好诸多相关信息都堆在一起了，其中有很多发言者认为不言自明的背景知识。在媒体将其凝练甚至断章取义之后，舆论的反应自然会很情绪化了。

我看到这段发言时第一时间想到的是：第一，猪肉供给变少了，涨价是价格信号，不允许涨价如同发烧的人把温度计扔了试图回避发烧；第二，几十年来，钱没少印。这是简单又重要的真相，理应成为常识。但愤怒评论这么多，可见这些常识远没有深入人心。

深圳版楼市"八万五"计划

有读者问我如何看待深圳版楼市的"八万五"计划。

"八万五"计划源自香港当年一次雄心壮志的改革,时任香港行政长官董建华提出,每年香港要供应不少于 85000 个住宅单位,希望 10 年内全港七成的家庭可以自置居所,轮候租住公屋的平均时间由 6.5 年缩短至 3 年。这个计划被称为"八万五"计划。这个计划夭折的原因众说纷纭,有人说是因为遭遇了金融危机,也有人说是因为香港市民的剧烈反对。

深圳版楼市的"八万五"计划大致是什么内容呢?如果没搞错的话,这个计划应该是指 2018 年 6 月深圳发布的《关于深化住房制度改革加快建立多主体供给多渠道保障租购并举的住房供应与保障体系的意见(征求意见稿)》(以下简称《意见》)。针对不同收入水平的居民和专业人才等各类群体,《意见》计划将住房分为三大类。

第一类是市场商品住房,占 40% 左右,使有能力的市民通过市场商品房来解决住房需求。我们将继续严格实施房地产市场调控政策，坚持房子是用来住的、不是用来炒的定位，坚持以中小户型商品房为主，努力促进房地产市场平稳健康发展。

第二类是政策性支持住房，占40%左右，包括人才住房和安居型商品房，分别占20%。其中人才住房重点面向符合条件的各类人才供应，可租可售，建筑面积以小于90平方米为主，租售价为市场价的60%左右；安居型商品房重点面向符合收入财产限额标准等条件的户籍居民供应，可租可售、以售为主，建筑面积以小于70平方米为主，租售价为市场价的50%左右。

第三类是公共租赁住房，占20%左右，重点面向符合条件的户籍中低收入居民、为社会提供基本公共服务的相关行业人员、先进制造业职工等群体供应，建筑面积以30—60平方米为主，租金为市场价的30%左右，特困人员及低保、低保边缘家庭租金为公共租赁住房租金的10%。特别是在过去保障的基础上，进一步扩大了保障的覆盖面，将公交司机、地铁司机、环卫工人、先进制造业蓝领产业工人等群体纳入公共租赁住房保障范围。

此外，对出售的安居型商品房和人才住房实行一定年限内的封闭流转，购房人在产权封闭期内可以转让给其他符合条件的购房对象或由政府回购。购房人在深圳服务满一定年限且符合其他相关条件的，可以申请向政府缴纳一定比例增值收益后取得完全产权。

深圳希望通过《意见》来实现住有所居，计划到 2035 年，分近期、中期、远期三个阶段，建设筹集各类住房 170 万套，其中人才住房、安居型商品房和公共租赁住房总量不少于 100 万套。

传统媒体也好，自媒体也好，其标题老是以吓唬人为己任。这倒也不是我国独有的，全世界范围的媒体都有这个毛病。制造焦虑和恐慌永远是吸引流量的不二法门。所以，《意见》的相关文章标题不是"再见地产"就是"房价暴跌"，甚至还有"炒房的人哭了"。

回到这个《意见》本身，计划确实很棒，而且很符合供需原理。房子之所以贵，是因为供不应求，由于房价上涨，增加供给是解决问题的方式。但是请注意看，《意见》提到 60% 的房子是市场流通之外的特殊房源，也就是说，这些房源暂时不参与市场的正常买卖，并不会给可自由交易的商品房市场增加供给。所以，我预计，至少短期内，深圳的房价不会有太大波动。当然，由于楼市组合拳的出其不意，我的猜测很可能是错的。

如果房子按计划建造出来，这确实能满足一部分人的住房需求。本着扶持人才和低收入家庭的宗旨，指标去向背后的"学问"就深了。

其实，几十年前，在尚未有房地产市场之前，某些单位就有福利房，不少单位的员工可以分到房子。所以，由政府来提供房子这件事并不是首创，相反楼市的市场化才是新生事物。值得思考的是，为什么当初不继续福利分房了？这就是要让市场起到一定的作用。再进一步思考，为什么那么多曾连员工生老病死都负责的国有企业最终不得不关闭？

比如快递行业，现在我们寄快递依然可以选择 EMS（邮政特快专递服务），且快递大概率是不会被寄丢的。为什么一旦放开了市场，其他快递不仅有生存空间，而且越做越好？道理是类似的。可行性暂且不考虑，统一规划的房子也许能满足人们有地方住的需求，但这难免会让人们对品质产生担忧。人的欲望就是千奇百怪的，无论是针对房子还是别的商品。在能力范围内，人的选择也是各种各样的，这种计划性的做法是满足不了所有需求的。

理论上，如果深圳未来新开发无数的楼盘，供给源源不断，自然是利好。因为房子多了，房价就降下来了，这是很粗浅的道理。如果可行，那么全国各地高房价地区都应该实行这样的好政策。

其实，我们一直以来都有接近完美的计划，那就是统计房子需求，然后根据需求建房子，这样人人都有房住了。不仅仅是房子问题，医疗和教育问题都可以按照这种思路来解决。但是为什么不这么做呢？一个人只要能想明白这一点，大概就算经济学入门了。

犹太人有一句谚语：让上帝发笑很简单，说出你的计划。

县城人民的储蓄

二三十万元的存款多吗？这对如今生活在县城里的一些中国家庭来说应该不少了。越来越多的人知道把钱存进银行是跑不过通胀的，而投资股市有风险，其他来路不明的理财产品也一样让人担忧。如何不让辛苦赚来的钱被稀释，着实让人焦虑。

这里有个最大的问题，不限于县城人民，是绝大多数人的通病。这个通病就是不想学习投资理财，总希望有个秘诀能够保住自己的财富不被稀释。也正是人性的懒惰和焦虑，给了很多骗子机会。大多数的金融诈骗受害者都是因为懒惰和贪婪。

投资理财是一门需要学习的课程。这虽然听起来很简单，但实操非常难。最大的难点依然是如何克服人性的弱点。人们都希望暴富，但是当被告知他们的财富在十年或二十年之后才会翻几倍，几乎很少有人能坚持住。光这一点就足够把很多人拦在财富门外了。因为价值投资本质上就是选中某个目标企业的股票，然后跟着企业一起成长，分得收益。别说投资了，随便做个小生意，没个三五年，也是很难成气候的。

投资的话题不多聊了,这是一门技术活。我们来说说生存环境的确定性。

经济发展的过程是极度复杂的,但有些结论是不会错的,比如货币贬值是停不下来的,降息利好能更方便借到钱的大机构。2008年经济危机,世界各国央行大幅降息,结果是股市、房地产和企业的估值大涨,而普通民众所获无几。通货膨胀就是一个"劫贫济富"的过程,大盘的繁荣发展掩盖的是有失公平的财富再分配。

年纪变大有个好处,那就是我们能更明显地感觉到某种残酷的现实在逼近。老家的老人只要还有力气,就依然干着最廉价的体力活。到了真干不动那天,他们没别的办法,只能靠子女养老。且不论子女是否有出息,他们大概率是好过没有下一代的同龄人的。请注意,我在讨论这些事时不带感情,也无意提供建议,只是在阐述一种现实。或许有人在此处抬杠,反问生孩子只是为了养老?我不想过多争论。然而,在没有政府允诺的养老保险之前,赡养老人本就是子女的责任,这是人类得以繁衍的重要模式。

政府插手养老工作给了一些人错觉。我们不如换个问法:假如你有孩子,你是更愿意相信政府还是自己的孩子?

人年轻的时候,离死亡较远,再受到一些文化的影响,容易对生死满不在乎,觉得人活到50岁就差不多了。这样的人一般在45岁以后比任何时候都怕死。但怕死也没用,我们要想活得久,除了自身基因强大,也要努力使生活和医疗条件跟上。而要想满足这些需求,我们需要更多的钱。靠年轻时候的储蓄吗?

还是靠年老后赚钱能力突然飞涨？比如律师、医生以及各领域的专家和名人，他们年老后的专业能力往往更值钱。不可否认的是，普通人的赚钱能力会从某个年龄段开始越来越差。

对于大多数普通人来说，这辈子最保险的养老方式可能就是育儿，最抗通胀的手段也是育儿。这话虽然听起来刺耳，但是中用。

其实，小县城的人多数是随大溜的，环境的压力再大也不会另辟蹊径。大城市的生存压力确实很大，但老实说，如今很多人极度夸大了养育一个孩子的成本，而成本和欲望是挂钩的，与其说育儿的成本高，不如说是对孩子期望值过高。欲望是无底洞，成本也是。

人的选择是一件很有意思的事。人的一生固然要面对很多不如意的现实，比如毫无道理的阻碍。那么，我们是不是要把气全撒在这些逆境上面，好像自己一切的不如意都有了罪魁祸首？这样会使生活变得更好吗？显然不会。抱怨归抱怨，我们还是得面对现实。

"面对现实"四个字枯燥乏味得让人嗤之以鼻，但是真正做到的人又有多少呢？

形势比人强：观念的力量

自由很脆弱

有读者留言："我在纽约街头，满眼都是穿着暴露的姑娘，她们穿得理直气壮，特别自然。我好羡慕，但是我在中国就不敢那样穿。"

在中国，你也可以穿。如果有人阻止，那就是在干涉你的穿衣自由。如果你只是因为害怕、害羞或者别的原因不敢穿，这就不叫你没有穿衣自由。

两种情况有本质上的区别。权利意味着某种自由。但有了某种权利，不等于一个人非得行使这样的权利。

一个女明星穿着暴露引来各种污言秽语的评论，这只能反映一种现象，即部分人的素质比较差。我们可以批评发出这些污言秽语之人，但这不意味着他们滥用了什么自由。

每个人在生活中都对他人的穿着有看法，这一点也不奇怪。评价别人穿得土和评价别人穿得暴露的性质是一样的。难道我们还要严谨区分哪个更伤人？这就毫无必要，因为每个人的"受伤点"不一样。

第三章　有些道理只是逼真

有篇文章叫《祝中国女孩早日穿衣自由》，我非常厌恶这篇文章，因为它滥用了"自由"两个字。注意，我从来不觉得这篇文章表达的观点有问题，而是认为它的论述有问题。因为事实上，中国女孩并没有失去穿着的自由，只不过目前有大量对穿着比较暴露的女孩的评论让人受不了。

除非有明显的证据表明中国的法律已经开始禁止某些怪异的着装了，否则我们不能说中国女人没有穿衣自由。按同样的逻辑，中国的男性又有什么穿衣自由呢？那些大夏天光膀子的大爷，也被网友一顿批评。大爷抗议自己没有穿衣自由了吗？并没有。

言归正传，为什么我们要比较严格地规范"自由"的定义呢？如果说外界的肮脏评价就是对女性穿衣自由的侵害，那么为了保护这种自由，我们只好用法律的武器去惩罚恶意评价的人，比如把满嘴脏话的人拘留两天。你可能觉得这种做法很可笑，但是我觉得如果现在对这种做法搞个投票，还真不好说投票结果会是什么样子的。

我再举个例子，一直以来都有人呼吁立法禁止吃狗肉，还有人拦车救狗。几十年前，在多数人还饿肚子的年代，吃狗肉简直太正常了。但是，现在时代变了，狗成了很多人的宠物，一部分人完全无法接受有人吃狗肉。在情感上，我完全表示理解。

但是，我们有必要立法禁止吃狗肉吗？毫无必要，也不应该这么做。如果我们无法证明狗比其他动物更特殊，部分人觉得应该禁止就禁止，没有任何准则可言，那么我们今天可以禁止吃狗肉，明天就可以禁止吃猪肉、牛肉、羊肉、鸡肉。

有些事上，舆论的作用会更有效。比如，现在有些人喜欢吃狗肉，但是吃狗肉会被人骂作野蛮人，因此，他也许会选择放弃吃。但是，如果法律禁止吃狗肉，那么这的确是毫无理由地侵犯了一些人的权利。

舆论会对人的行为有影响，它是法律之外的保守之道。但同样，总会有敢于无视舆论的人出现。这就会引起争论，而争论也给了更多人参与思考的机会。

自由很脆弱，自由总是与责任（风险）相伴。在呼吁保护某种不是自由的自由时，结果必然是侵犯到真正的自由。最终，真正的自由会被一点点蚕食，以至人们到最后才发现生活寸步难行。

足额发放的养老金在30年后能干吗

清楚明确地知道未来能否依赖养老金过活是至关重要的。可问题在于,到时候足额的养老金能买到什么呢?

以邻国的历史作为参考,我们来看一看韩国中产的退休生活。

韩国是"亚洲四小龙"之一,其过往的经济奇迹就是如今的韩国老年人在年轻的时候奋斗出来的。据统计,韩国65岁以上老人的贫困率高达49.6%,是发达国家中比例最高的。因为养老金在飞涨的物价面前实在微不足道。韩国60岁以上老年人平均每月领取的养老金约为2000元,还不到最低生活标准的三分之一。

所以,足额发放的养老金在30年后能干吗?

现在,延迟退休年龄经常被提及,这无非是拖延发放养老金。每次延迟退休年龄的新闻都会被围观嘲讽。但其实退休这个事是很奇怪的,我一直觉得退休的概念是当年大锅饭时代体制内才有的,市场上的人不存在退休时间。比如,农民有退休时间吗?并没有。如果一个作家70岁了还笔耕不辍,那么你能说他已经退休了吗?如果一个生意人在80岁的时候还在忙碌,那么你觉得他会在什么时候退休？多数人是不存在标准的退休年龄的。

每次新闻上说延迟退休年龄，我听了都没啥感觉。如果说大家在意的是提前几年领到自己年轻时候缴纳的社保，那么你太天真了，即便你能领到，那也没多少钱。

所以，问题不在于怎么办，而在于先认清真相，然后在年轻的时候多赚钱，提前为老年生活做准备，保证自己老了之后也能有不错的收入。你具体能干什么显然不是我能回答的，毕竟有那么多种职业。你需要的不过是一份耐心，然后日复一日地行动。

把眼光放得更长远一点来看，养老是个巨大的问题，尤其是在人均寿命越来越长的今天。

如果你指望看到对"如果养老金没了，我们有什么具体的方法应对"这种问题的解答，我这里是没有的。因为这个问题等同于如何致富。我可以做的是，提醒更多人看见前方道路上的潜在风险，未雨绸缪。

因减负吵成一团

一篇关于"教育减负"的文章大概是这样写的:"如果教育部部长一直坚持要给公共基础教育减负,他就一定是个坏胚子。如果中国缺少扎实的公共基础教育,那么阶层固化真的非常有可能加速。"

接下来,这篇文章的作者就举了自己的例子:她是农村出来的,是高考制度让她有机会考上名牌大学,从而改变了命运。她认为,教育减负会加强阶层固化,未来就是拼钱和拼关系了。

正好,我也是农村出来的。我们不如一起回顾一下过去的教育是什么样的吧。最后,我会针对普通家庭的孩子教育问题提一些自己的看法。

我们不要过于美化过去我们所接受的教育,在讨论教育问题时不能忽略时代和经济发展导致的环境变化。

义务教育就是国家出钱让所有人都有书读,这在很大程度上以极高的效率解决了初级教育问题,让很多人能识字和计算。20世纪90年代左右,很多农村的中小学教师就是当地或者隔壁村识字的人，是硬着头皮上的。我读书的时候还有师范中专生当老师的，也就是说一个人在初中毕业之后再读两三年书就可以当老师了，教教小学生没问题。客观地说，这些人教识字和算术问题不大，若是要求他们英文发音标准，就有点过分了。拿我们福建来说，老师能把普通话说标准就很不容易了。至于数理化，这是我们的强项，因为其本质就是做题，只要足够勤奋做全了所有题型，不考满分都难。由于这个机制是如此机械，所以老师教起来其实不难，能根据教案把解题过程在课堂上大致呈现就算不错的老师了。

大四的时候，我为了赚点零花钱当过初三学生的家教老师。一开始我觉得这些教材很陌生，但是在重温那些公式之后，每道题目都变得非常简单。用现在的话说，都是套路。我虽然是去教他数学的，但是除了语文，我其实什么都可以教他。

从整个基本面上说，我们过去的教育大致就是如此。说得难听点，一个人会做题本质上是一种技术。至于严谨的逻辑、发散思维、想象力、思辨能力、表达能力、审美情趣、对自然科学的好奇心等，这些好像并不重要，因为高考又不考。

就是在这样一个大环境下，我们有一个相对公平的高考筛选机制。实际上，它同我们如今发自内心认同的教育存在不少差距。这不是教育的胜利，而是一种在特殊背景下找不到更好办法的筛选机制。

这是因为当年我们的父母完全不重视教育吗？不是。我们的父母就算听说城里的有钱人花大笔钱让孩子去学习，他们也只能表示羡慕，不是不想自己的孩子去学，而是没钱。多数家庭就是把孩子扔到已有的义务教育里，然后期待着高考能改变孩子的命运，求个一辈子稳当。他们是不是这样想的？几乎都是。这不怪他们，他们的经历造就了这样的眼界和认知。

现在我们不应该再这么看待教育这件事了。

经济发展了，更多人去了城里，开阔了眼界，见了世面。这些人在有了孩子后，已经不再满足于义务教育。这也就是为什么如今孩子的教育市场这么大。这一点我们从线上和线下都能察觉到。如果没有这样的现象，这些市场就不会存在。那么，公立教育怎么改？其实，怎么改都无法避免一个事实，即家长会想办法提供他们认为值得投入的教育，也就是额外的金钱投入，当然还有时间的投入。

义务教育是科教兴国战略的一部分。快速把文盲率降低，让人们学会识字阅读和算术以及基本的思考是义务教育的全部。但这不是优质的教育。

如果我们从恢复高考开始，把高考改变命运有效性的轨迹画成一条线，那么很显然，这是一条向右下方倾斜的曲线：从最早考上大学就包分配，到考上大学几乎等于有工作，再到如今考上大学只不过有资格投简历。现在大学生太多了，人人都改变命运了吗？并没有，只是改变了学历而已。另外，市场对人才的需求不再仅仅看学历，而是看更实际的多方位能力。

所以，关于减负，抗议也好，支持也好，随着移动互联网和各种网络课程的发展，不问学历只看能力是大趋势，说高考改变命运越来越不切实际。高考改变学历，充其量给了大学生一个投简历的资格，这就是当前的现状。

以往大锅饭式的教育已经跟不上时代发展了。现在的家长早就有了自己的盘算，也同样有自己的局限，毕竟影响孩子发展的根本力量依然来自家庭教育。有的家长也许很舍得，给孩子报数十个兴趣班。你也许没这么多钱，但也不必羡慕，因为孩子未必开心。我们千万不要觉得以前的教育比较公平，恰恰相反，我们要感谢这个时代可以拼真正的能力而不是学历。

那么，普通家庭的孩子怎么培养？

首先，不管家庭是什么条件，我们都要把心态摆正了。我们的孩子大概率就是你我这样的普通人，不要觉得自己的孩子能成为一代豪杰。然后，我们不必担心孩子的初级教育，他们的识字和算术总不会比以前差。重要的是，我们要重视孩子人格的健全，教会他们一些朴素的道理，比如节俭、勤奋、上进。剩下的也是最基本的，那就是培养孩子的谋生技能——随便一种孩子可能会喜欢上的技能，这需要共同发现和引导。社会的大趋势就是，一个好人如果有些技能就一定饿不死。一个心态好的有技能的人也不会因为没有发财就心灵扭曲。

做好这些需要的不是学校，家庭教育才是关键。学校能教什么？说实话，我们不要抱有太多期待。如果孩子未来能成为一个了不起的人，大概率靠运气，但家庭给予的爱和教育也影响巨大。

想想挺可笑的，人们竟然会因为教育减负而争执起来，这说明大锅饭式的教育深入人心。可实际上，即便教育不减负，家长就什么也不管了吗？并不是。孩子的课外班照常报名，教育的投入一分不减。这说明大家在行动上已经非常市场化了，但在观念上依然崇拜和依赖大锅饭。

我们要逐步学会适应当下环境和看清未来大趋势，要知道目前教育问题的根本不在于减负与否，还要知道高考也越来越无法跟改变命运挂上钩了。完善的人格、谋生的技能，才是值得更多家长关注的。

聊聊知识产权

《我不是药神》是现象级的话题电影,也将药品专利问题推到台前。不少人在推荐电影的时候还得找补几句,生怕人们被这个真实故事误导了"三观"。还有人说,按照电影的逻辑,我们应该去看盗版电影才对。

我想借此聊聊知识产权的问题。

这篇文章的重点不在于得出某个鲜明的结论,也不涉及对任何现有法律或者政策的解读,若是能让更多人稍微思考下"知识产权"的可疑之处,就算没有白写。

一个疑问是,知识能被称为"产权"吗?

你有一个苹果,你把苹果给了我,你就没有了。如果我抢走你的苹果,我就侵犯了你的财产权。这里对苹果的占有是排他的。通常,财产权中的"财产"指的是人身以及物理层面的财产,具备排他性。为什么只有物理层面的东西才是产权?因为意识层面的东西不具备排他性。比如,我有一个想法,将其分享给了别人,这个想法并不会被谁拿走。况且,我有一个想法,地球上某个地方的某些人恰好也有类似的想法，这种可能性是完全存在的。如果有了专利保护，就可能出现后者无缘无故且莫名其妙地被告知侵权的情况。

历史上类似的例子很多，而且不只是停留在想法上，还进化成了实物，比如电话的发明、激光的发明、飞机的发明……

在教科书里，电话的发明者是亚历山大·贝尔。但有个叫格雷的家伙跟贝尔在同一天向美国专利及商标局（USPTO）提交了专利，只不过贝尔是当天第5个申请人，而格雷是第79个。美国专利及商标局的疏忽导致了将近600个诉讼案的产生。

激光的发明人戈登·古尔德由于不熟悉提交专利申请的流程，没有立即提出专利申请，而是对一本记载了其想法的书做了公证。在他要去申请专利的时候，该发明已被另一个物理学家查尔斯·汤斯申请了专利。在其后的30年间，古尔德为了获得激光技术的法定权利，最终花掉自己80%的技术使用费来支付法庭费用。

莱特兄弟与航空业先驱柯蒂斯在有关飞行控制方法的专利上也有过诉讼案，案件因为第一次世界大战的爆发被强制停止了。

如果说这些例子年代久远，不够日常，我们就说说各位手上的智能手机。很多人应该听说过乔布斯和比尔·盖茨早年从施乐"偷走"创意的故事。后来，比尔·盖茨也终于就往事有了一次"优雅"的回复。"在图形界面这个问题上，其实我和乔布斯都从施乐帕克研究中心的工作中学到了很多，当时它的技术确实是最先进的。"盖茨在红迪网（Reddit）上的"实问实答"栏目中说道，"当然，我们并没有侵犯施乐的知识产权，不过它的研究确实给

Mac（苹果电脑）和 Windows（视图操作系统）指了条明路。"

那么，iPhone（苹果手机）呢？iPhone 当然了不起，是真正的颠覆，是革命性的产品，这一点毋庸置疑。但是，在苹果开发 iPhone 的两年前——2003 年，一家叫 Neonode 的公司就已得到一个专利，内容是用手指滑过屏幕激活手持设备。后来，苹果也得到了一模一样的专利，也就是众所周知的"滑动解锁"功能。两个专利没有本质区别，只是叫法不同，但这不妨碍苹果公开地声称这是其专利技术，并以此打击对手。苹果的策略简单粗暴，就是不停地打官司，官司不一定能打赢，但用时间和金钱的确可以把大多数公司耗死。几年前，苹果起诉三星并让后者支付了10亿美元的赔款，库克对全体员工说这是价值观的胜利。

如果平日里有注意各种知识产权纠纷的新闻，你就会发现许多让人哭笑不得的诉求。一个角度，一个手势，一种交互……都变成了专利。这也使得很多科技公司不得不投入大量人力、财力来"如饥似渴"地申请专利，哪怕只是为了防御无法预见的专利起诉。

或许，你也看出来某些科技公司确实是在借助专利耍无赖，但你会觉得这是难免的，因为有些人会钻漏洞，会为了商业上的利益巧妙地利用一些规则。但估计你依然会认为只有更严格地保护"知识产权"，才可能有健全的市场，才会有创新。就像你很难想象，如果人人都买盗版书，那么谁还有动力写书？

第三章　有些道理只是逼真

为什么掏钱去电影院的人越来越多

我们都清楚，只要自己愿意等一段时间，任何一部电影都可以在网上免费看到。那就奇怪了，为什么掏钱去电影院的人越来越多？

中国电影市场巨大，并且越来越大。虽然版权意识越来越深入人心，但只要你愿意等，免费电影有的是，画质还是高清的。粗暴的说法是，国人的付费习惯养成了。实际上，这背后的因素有很多。大的环境是，整体收入水平提高了，院线铺开并下沉到更广阔的市场，越来越多的人不仅意识到了去电影院观影的体验更好，而且愿意为这个"更好"的体验掏钱，而刚好院线的建设跟上了。实际上，即便没有能免费下载的资源，这些喜欢在网上看电影的人也不会去电影院。

让我们做一个糟糕的假设：没有人舍得掏钱去电影院，就想等着在网上看免费的电影。有的人推测，要是电影市场的环境如此恶劣，影视人员就没了创作的动力。而我的推测是，影视行业包括电影院在内的一整套系统，都得想办法让人们愿意掏钱进电影院,不管是优化内容还是提升硬件设备。

要明白,人们不进电影院消费的根本原因,一定不是有免费的电影可以看,而是就算这部电影免费都不愿意看。如果确认只是钱的问题,那么这些人本来就不是你的观众。他们一年只舍得花一次电影票钱,当然是花在他们觉得好的电影上。

说到免费体验带来的后续红利,《江南 style》这首歌是个容易让人理解的例子。相信多数人当年听这首歌时没花一分钱。全球的人都被这首免费的歌洗脑,从而知道了鸟叔。鸟叔也就有了后来应接不暇的天价广告、个人演唱会、综艺节目等。如果当时这首歌是严格收费的,那么最终鸟叔的收入能达到他现在收入的 5% 就算不错了。

假设一个不舍得花钱的大学生在宿舍里看了黄渤的所有电影,喜欢得不行。你觉得当他工作后拿到第一笔工资的时候,在影院门口突然看到黄渤的电影正在热映,他有多大的概率会掏钱去看呢?我猜概率是 100%。

那些听来的故事

"有个男人被诬陷杀妻,坐牢几十年,忍辱负重,他说希望是最宝贵的东西,最终成功越狱。"类似这种故事,这个地球上可能有成千上万个人想过、写过。但这个故事的版权(当然还需要稍微再细化一下)可能只属于斯蒂芬·金。

多数故事经过简化都逃不出几种范式。创作者将故事的框架结构想到一块是非常正常的,通常创作者也对其他各种故事进行了借鉴。但你会发现,如今,稍微有那么点像的故事,就会被人说成抄袭。陈可辛拍了一部儿子穿越到爸爸年轻时候的电影《新难兄难弟》,韩寒也拍了一部电影《乘风破浪》。一群人就说,韩寒是在抄袭!"儿子穿越到爸爸年轻的时候"这种剧情设计似乎就变成了陈可辛的独家版权了。

脑子里有过类似"穿越到父母年轻时候"的想法的人估计有千万人,紧接着构思"怎么在穿越的世界里与父亲称兄道弟"的人也得有数十万人吧!更多后面的细节就不展开了,所以将整个故事的大纲想到一块的可能性是极高的。我们不能因为时间先后就判断后面的人侵犯了前面的人的知识产权,这对后者是不公平的。

你可能会觉得以上这种说法是给抄袭者找借口,但抄袭和借鉴的界线是模糊的,通常在于每个人的解读。当然,我并非无视那些明目张胆的复制粘贴行为,我是支持谴责抄袭行为的。

人的名字是不是独有的商标

在互联网上,很多人就是品牌,某些人的名字就是作品的保证,比如一本书上的推荐人、一部电影的监制等。那么,问题(技术问题)来了,同名同姓的推荐如何处理?全国有多少个"姜文",我能不能在一部电影的海报上高调写上"姜文监制",不过这个"姜文"不是众所周知的"姜文"。这构成欺诈吗?难道只能有一个叫"姜文"的人可以监制某部电影?为什么没有影视公司这么干呢?因为这么干只会让人耻笑,得不偿失。

那么,问题又来了,为什么我不能在一件衣服上打上一个跟耐克一样的标识?或者,为什么我不能在自己生产的手机上打上一个苹果的标识?这里不展开讨论了,留给大家思考。

药物专利问题

在谈药物专利之前,我先说一下做菜。中国人对吃真的非常讲究,能上餐桌的食材是固定的,东西南北,各种菜系,做法千变万化。菜谱需要研发,做法需要改良。可是,我们听说过哪道菜是专利菜吗?比如,佛跳墙看起来食材颇丰,但没听说这是哪家餐厅的专利。为什么呢？难道某道菜的做法之所以不属于"知识产权"，仅仅是因为没有巨额的研发投入？这显然是说不通的。

抛开这个逻辑问题，我们再聊个现实的问题。如果没有专利保护为后面的巨额利润保驾护航，是不是药厂就没有动力研制新药？

多数人的回答是肯定的。这是一种符合直觉但因果错位的判断。由于我们已经生活在一个药品专利受较严格保护的世界，所以在所谓"巨额"投入的信息引导下，我们产生了对药品专利保护的认同。

如果药品没有专利，那么对医药公司来说，提高竞争力的办法就不是一劳永逸的，而需要高效创新。在静态假设下，如果一种药的潜在使用者是一亿人，那么快速研发、有竞争力的价格和可信赖的品牌运作，是不惧怕任何仿制药品的竞争的。正如国产手机迅速消灭山寨机，原理是一模一样的。没有一家国产手机敢停止创新，其中很多方面的研发费用是不比药物研发少的。

你可以说这只是想当然。实际上，我也认为这是说服力较弱的推理。你完全可以说，就是因为利益太小，企业研发动力不足，最终才无人研制新药（这同样也是一种不具说服力的推理）。最无法反驳的理由是，一种药物的制法在本质上跟一道菜的做法是一样的，都是一种无法被剥夺和侵犯的想法。比如，厨师只要不是去偷别人的鸡蛋，在家里凭借着脑子里想到的某种做法做出一道炒鸡蛋，整个过程就没有侵犯到任何人的产权。

也就是说，从产权的定义出发论证产权的不合理，才是最无法反驳的。或者说，你只要仔细琢磨一下其中的道理，就无法不对"知识产权"四个字产生疑问。

相信我，药品今天研发出来，下个月就有人跟进研制，所有人都不会停止创新，而市场会让药厂快马加鞭创新，甚至更密集地创新，而不是在专利保护下数钞票。当然，能想明白这一点的人不多。我们不妨想想中国互联网和国产手机的崛起，这也许对我们想明白这个问题有些帮助。

回顾一下历史，人类文明诞生的很多创新是在没有专利保护的背景下研发出来的。没有证据表明是专利推动了创新，因为以前的发明不会有人去登记，所以我们不能从专利申请数量的多寡去评判创新能力的强弱。相反，一个很明显的趋势是，专利流氓遍地走，处处阻碍创新。有的人说美国人正是因为有强大的知识产权保护法才做出了那么多创新，却看不到美国有多少企业被专利流氓折磨个半死（有兴趣的读者可以去搜索"专利阻碍创新"的相关报道）。

创新从来都不是一步完成的，而是在前人的基础上一步一步拓展的。所以，某种配方、提炼方法被独家占有是没有道理的。

科技是不是并没有让人的生活变得更加美好

科技发展带来了生活的便利是没什么可否认的。别人怎么看我不知道,我就说我个人的体验,相比十几年前,我的生活因为科技而变得美好了许多。

每个时期,媒体上经常会出现负面新闻和悲观论调,因为制造焦虑和恐惧会更吸引眼球。我觉得我们可以将其理解为,人们对生活的要求越来越高了。人们在吃不饱的时候关心物质丰富,在物质丰富之后关心品质,当品质上来了必然会关心品牌赋予的个性。这也是符合人性的。在这个过程中,很多旧东西也就不知不觉被淘汰了。而新的商品和服务的出现,也得经过这么一轮循环。有个时髦的词叫"消费升级"。

几百年前,人们的一些治病手段,在今天看来像是巫术,我们并不能称其为迷信,因为那时候的医疗水平就是这样的。如今,有的人依然选择传统医学,我认为这是他们的自由。医学在技术和理念上的变革,并不妨碍人们选择的自由。一些养生节目,你认为没有说服力,但是家里的老人还是看得如痴如醉。

扯远了，我们继续说科技和幸福的关系。我们的确无法否认，人们沉溺于互联网之后极大减少了线下面对面的交流。科技带来了效率和便利，但并没有承诺人必然感觉更幸福。更多的选择意味着更严峻的考验。

从前慢

如今，谁会阻止一个人选择"从前慢"的生活方式呢？木心说："从前的日色变得慢，车、马、邮件都慢，一生只够爱一个人。"如果一个人很想回到过去，体验这样的真挚，那么好办，比如送一封信，他可以亲自乘坐绿皮火车去，或者手工打造一辆马车前往，最好马也是自己养的，这样更显真情。其中的乐趣和用心想必对方是能感觉到的。再加上思念的煎熬，相见一刻犹如杨过十六年后在湖底见到小龙女一样，双方必定相拥而泣，感天动地。有的人认为，这才是生活，这才是爱情，其中的滋味只可意会。

说真的，这是可以做到的。

何止是可以做到，还可以更复古，比如亲自打磨工具，带着手工爱心叉进山打猎物给家人吃，最好在山洞里围着火堆烤着吃，原汁原味、有机、纯天然。

可能有的人觉得我的这种挖苦有点苛刻了，人家只是在日常生活中感慨一下。那我就不懂了，一个人言语间透露着对过去那种慢生活的向往却不行动起来，是不是有点虚情假意了？多愁善感难道与诚实是矛盾的？比如，有些热爱摄影的朋友怀念胶卷时代的品质，他们就果断用回胶卷相机。这就没什么可吐槽的，因为人家喜欢且还真这么干了。

这类话题延伸出去还有对环境污染的控诉。有些人坐在空调房里用手机上传了刚在后院草丛里拍的绿草和蓝天，然后告诉大家要坚决抵制污染企业。我觉得他们可以先把家里的电子设备都砸了，然后再说这些话，至少这样他们是能赢得尊重的。

所以，那些怀念从前优雅慢生活的人，请不要虚情假意，是时候来一场回到过去的文艺之旅了，逃离北上广，投奔老树林，打磨刀枪棍棒，在绿色汪洋中采集狩猎、呼吸吐纳。

没人欠你

我们再来看转基因的问题。真正懂科学的人很少，多数人是在半知不解地看科普文章。我再一次强调，看待转基因问题，最重要的角度是伦理而不是科学。

转基因是否有害？有人说没有害，有人一口咬定说必然有害。这是科学问题，任何人都可以有自己的看法。这个问题会在将来的很长一段时间里被争个不停，就像世界上到底有没有鬼这件事现在也没有统一意见。当然，这个类比不妥，因为主流的科学界是有结论的。

我觉得这些都没有问题。最值得注意的是，不管每个人对转基因持有什么看法，我们都不应该用权力去禁止。也就是说，担心的人可以选择不吃，而不是强制所有人都不吃。然而，这里最大的问题是，有些反对转基因的人称，转基因效率高、成本低，导致非转基因食品成本高昂，以致他们买不到便宜的非转基因食品。

但是，我们凭什么要求别人非得种植自己想吃的非转基因食品？有人如果真心想吃，就可以自己种植。如果喜欢吃的人足够多，那么种植的人还能发财。目前来看，这个市场是巨大的。

所以，科技发展的问题在我看来大概就是有了更多的选择。而我相信，只要这个地球上喜欢慢生活的人足够多，市场就会提供马车。这个地球上的确有一些民族依然过着百年前的传统生活。我们很难说他们的选择是迂腐的，我们要给予尊重，互不干涉。

毁灭人类的从来都不是工具

至于"科技的发展会不会毁了人类"这样的言论，我认为有点太过于上帝视角了。针对人工智能的讨论，我最不喜欢的就是一些"智者"说"小心人工智能毁灭地球"。科幻小说看多了吧？人工智能只是提高人类效率的工具。

另外，人类趋利避害，总是能随着最新的认知调整。我举一个饮食的例子。假设随着物质的极大丰富，人类全都吃胖了。当只看到这里时，你会感觉人类迟早都会死在餐桌上或者横尸在甜品店门口。

你看，这就是所谓的危机，只要有危机，就说明有需求，就会有嗅觉灵敏的企业家来解决人们的担忧。如今，各种食品厂商争先恐后推广健康饮食，比如可口可乐推出了减脂可乐。看看这股潮流把企业都逼成什么样了。另外，运动品牌销量飙升，几乎撑起了大半个服装市场的销量。一夜之间，不少都市白领吃着蔬菜沙拉，穿着时尚跑鞋，在健身房里汗流浃背，拍照发朋友圈，比工作还上心。

我们且不说这样的饮食和运动能否达到瘦身目的，科技的发展、生活的便利、物质的极大丰富，都不会毁了人类。

毁掉人类的不会是越来越高效的工具，只会是人类自己。我们可以查一下，整个人类历史上大规模死亡的事件都有哪些，都是什么原因造成的。

形势比人强：观念的力量

互联网巨头为何要被拎出来谴责

网上有一篇文章很火，说互联网巨头正在夺走菜贩的生计。文章讲述的是，在互联网巨头的超额补贴入场之后，菜贩们恐怕很难竞争得过，这意味着底层小贩生计不保，令人难过。

想到互联网巨头对菜贩生计的无情碾压，文章作者在煽情之余不忘为底层小贩呼吁，要求国家管管这些巨头。

文章作者的担忧不无道理，互联网巨头一定会夺走菜贩的生计，正如工业革命的纺织厂夺走了当初无数小作坊的生计，电话夺走了电报员的生计，手机夺走了电话员的生计，汽车夺走了马夫的生计，数码相机夺走了胶卷厂工人的生计，洗衣机夺走了搓衣板工人的生计，大型购物商场夺走了小卖部的生计……

类似的例子不胜枚举。

以18世纪60年代的工业革命为起点，短短200多年，人类的技术革新带来的效率革命不知道破坏了多少人的生计。而类似互联网巨头夺走菜贩生计的文章一直就没有断过。不只是文章，当年英国有一帮被夺走生计的工人还跑去更高效的工厂里砸烂机器。

创新是什么？就是新陈代谢，有了更高效的技术和模式，就必然有陈旧的技术和模式被淘汰。所以，创新必定有破坏性的一面。对于每一次的技术革新，媒体如果把目光和镜头对准被淘汰的群体，就可以收获无数的感动和泪水。然而，政府的应对应该是个非常具体的问题。如果被冲击的是大规模的人群，那么政府可以适当地给予再就业培训，这样的对策尚可接受。但如果为了维护更多人就业而阻碍创新，这就不妥了。比如，原本属于一个人的工作量可以安排十个人来做，这样就业率不就上去了吗？但这很荒谬，对吧？

如今，人们在享受资本和技术革新带来的种种便利之余谴责互联网巨头剥夺了菜贩的生计，仅从人品上说，这也是不厚道的。他们一边拿起手机美滋滋地薅各种巨头补贴的羊毛，一边流泪分享"请关爱菜贩"的文章。我们还是应该实诚一点，因为选择权在你手里。如果你觉得菜贩需要帮助，你就不要用手机买菜，而每天坚持去菜市场支持他们，这是最体面的一种支持方式。

汽车的出现虽然消灭了整个马车产业链，但同样提供了更多汽车产业链的工作岗位。我们暂且不说程序员，就说中国有多少快递员、外卖员、网约车司机？很多岗位原本是不存在的。互联网巨头进入菜市场一样会提供大量仓储和配送的岗位，但这些方面都被忽视了。

我们要把目光聚焦在个人生活上，明确不如意事常八九。

在互联网巨头诞生之前，菜市场上的竞争有时也很激烈。工作也是这样的，数千人抢几个岗位，就必然有多数人落选。每个人在这个世界上都要为生存竞争，这个岗位如果成为你的，别人就没有了。

最近的流行词从"打工人"到"内卷"，虽然是一种嘲讽和无奈，但多多少少对资本是有敌意的。这件事非常奇怪，资本其实就是工具，每个人都是"资本家"，无论你是买股票还是买基金，抑或开个小店，都需要资本。但"资本"两个字现在被频频拎出来鞭打，因为在我们的语境里，大规模的资本常常与贪婪和不怀好意挂钩。试想，如果没有大规模的资本，那么现代化市场从哪儿来，我们又如何享受生活的富足呢？人们是不是忘了几十年前物资匮乏、服务低劣的生活了？生活水平的实质性飞跃全靠资本，海量的资本。

既然有新陈代谢，就会有群体无法适应，进而落后于更高效的生产方式。说他们是时代发展和进步的受害者尚能接受，但他们不能算被牺牲。这是时代发展不可避免的，如同所有参与竞争的失败者一样。几百年来的进步就是这样的，有人运气好赶上了涨潮被推到高处，有人则运气不好遇到了退潮。

这些事实对个体最有价值的启发是，要学会适当地预判趋势，做好被时代发展冲击的准备。比如，现在看书的人越来越少，都在看短视频，这对包括我在内的会写几篇文章的人来说就是冲击，且不说未来是否会彻底没人看文章了，至少我是提前有心理准备的。

竞争失败很正常。社会如何关爱失败者是另一个值得关注的点，无论是情感抚慰还是某种直接的物质救济。但被发展的浪潮拍倒在地的现象是无法避免的。我们无须回避。

为何存在竞争，甚至白热化到"内卷"？因为稀缺。稀缺是一层一层递进的，人类的欲望是无底洞。当解决了饿肚子问题（食物不稀缺了），人们就开始讲究吃好和吃得健康。当这部分供给开始稀缺时，人们又开始竞争。当解决了保暖问题，人们就会需要调性，就要用品牌赋予一些身份和存在价值等意义，而这些又是稀缺的。

怎么解决？就是提高效率，就是进行资本积累和不断创新，因为创新的停滞必然带来"内卷"。我们只有不断地创新才可能另辟蹊径，从而打开新局面。创新可以提供新的就业，当然也必然消灭旧的生产方式。

假如互联网巨头进军菜市场之后并未提供更多的岗位，一切都由算法和机器完成，那么菜价应该会便宜到不可思议。跟那些担心人工智能剥夺就业的人不一样，我一直很期待人工智能能彻底解放流水线工人，因为流水线的工作非常反人性，人跟机器一般，不能从中获得快乐。如此枯燥的规模化生产应该交给机器一并完成。至于从流水线上解放出来的人，可以从事机器无法替代的工作，比如服务业。人类只要有欲望，就能开拓数不清的行业。

经济发展的硬道理就是解决稀缺性——各种商品和服务的稀缺性。所有生产如果都能由机器替代，就意味着生产能力达到了巅峰，能够惠及所有人。

说到个人最喜欢的生活方式，我更喜欢社区氛围感浓一点的生活：出门就有各种满足日常生活所需的小店铺，附近菜市场摊位上都是熟悉的小贩。当初，很多美国小镇抵制大卖场入驻，并不仅仅是由小商品利益驱使的，更多人抗议的是生活方式被破坏了。

现在这种唯高效是从的阶段还会持续很长的时间。但我相信，就像更多人突然觉得逛实体店要比看商品图片更有趣、更踏实一样，只要有更多人去实体店购物，实体店就能存活。

人要实诚一点。时代的发展裹挟着我们，破坏了我们怀念的生活方式，这虽然无奈，但并非没得选。讨厌现代化生活方式的人，可以选择不用智能手机，还可以拒绝一切工业化制品，这一点恐怕没有人会干涉。但很可惜，多数人都做不到。毕竟人类发展至今，每个阶段的破坏性创新都是因为得到了更多人的追逐才站稳脚跟的。假设当年所有同情搓衣板工人的善良人士坚持只购买搓衣板，那么洗衣机根本没机会普及。

当然，当很多人一辈子从事的行业被新技术和新模式取代，并且因为年纪太大很难再就业时，国家适当补助是合情合理的。但只有经济发展到一定的水平，国家才有这样的实力去帮助那些在竞争中被甩在身后的真正无能为力的群体。慈善也需要钱，眼泪无法扶贫。

我们不要煽情，不要动不动就控诉互联网巨头和资本如何摧毁他人的生活，也不要一边刷着完全由海量资本和互联网巨头创造的智能手机一边控诉，这样并不合适。

第四章

"内卷"的打工人

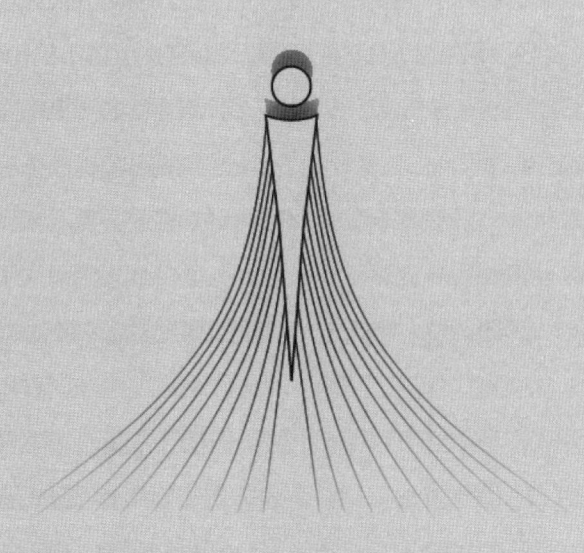

第四章 "内卷"的打工人

"内卷"的打工人

"内卷"是几十年前历史社会学家黄宗智在研究长江三角洲的农业经济时引入的一个概念，如今演变成网络热词，算是一次意外出圈。

不同于"认知折叠"这类故弄玄虚的词，"内卷"形象且准确。"内卷"跟打工人匹配在一起就更加有画面感了。打工人被卷得很难受，就用各种段子来消解内心的焦躁不安。

某地发现金矿，第一拨淘金者赶上风口，美滋滋，很快无数淘金者拥入，金矿的生意就"内卷"了。互联网的两波浪潮如是：在移动互联网创业初期，各领域都是空白的，先行者优势巨大，快速烧钱圈用户，由于扩张期人才紧缺，打工人备受追捧；等行业筑起难以跨越的壁垒之后，增长放缓，互联网打工人梦想的指数级财富增长破灭，每年都有一大批新人参与有限的岗位竞争，职场上升通道拥挤不堪，又开始"内卷"了，"996"成了热词。

人类学家项飙在一次访谈里说，"内卷"是一种不允许失败

和退出的竞争。他是这么说的:

> 成功者要失败者一定要承认自己是失败的。你不仅是在钱上少一点,物质生活上差一点,而且你一定要在道德上低头,一定要去承认你是没有什么用的,是失败的。如果你不承认自己失败,而是悄然走开退出竞争,不允许的,会有很多指责。所以,现在能够退出竞争的人是非常富有的人,孩子送到国外去或者怎么样。有退出这个机制是很重要的。[①]

这段话引起很多共鸣,尤其是击中了很多打工人的心,所以之前短暂地刷屏了。其中,"成功者"没有明确定义,但一直以来若无上下文和特定注明,成功者的成功指的都是财富上的富足。然而,这种"要失败者低头"的压力显然不是成功者施加的。

文字会产生误导,"不允许退出""没有退出机制"听起来好像每个人都被某种强制力量限制住了,并且必须参与某个游戏。那么,这种强制力量来自何处?是具体的人或者机构吗?谁在施压,谁不让人放弃?

很遗憾,似乎并不存在这样的一个人或者机构逼迫人们卷入。

从更大的视角看发展,停滞阶段的"内卷"是一种必然,因为僧多粥少。从农耕时代到工业革命时代,再到互联网时代,财富结构和阶层流动的巨大变动,都是创新带来的。马车行业发展

[①] 参见《人类学家项飙谈内卷:一种不允许失败和退出的竞争》,澎湃新闻,2020年10月22日。

第四章 "内卷"的打工人

到一定程度必然"内卷",直到汽车被发明出来才释放出更广阔的机遇。

"内卷"是一种社会状态,也是个体被卷入其中感受到的压迫。因此,社会各领域要想摆脱"内卷",就需要创新,需要另辟蹊径。然而,创新离不开更加宽松的政策环境。举个例子,当影视剧创作有太多条条框框时,影视从业者也会陷入"内卷",在雷同的题材里厮杀。改善这种情况并不难,就是给创作者更多的空间。

对于其他行业来说,道理是一样的。城市化带来人的聚集,但相应的土地、教育、医疗等资源并没有很好地跟上,减轻这部分的压力甚至都轮不到创新,只需要进一步放开即可。

一个社会如果试图摆脱"内卷"的状态,就需要各行业更多的创新,而创新离不开更自由的空间。不仅如此,社会应该更大胆地开放更多的领域,允许民间资本参与并把蛋糕做大。

"内卷"给打工人带来了压迫,以致项飙将其形容为"没有退出机制"。其实,退出机制是有的。正如犹太人有句话所说,你想要什么都可以,只要付出相应的代价。你如果有野心、有企图、勇于竞争,就拼杀吧,去争取你想要的。相反,有些人只想过自己的小日子,不想为了高薪而累成狗,会选择薪水少一点且相对轻松的工作。

看到这里,必有读者对此嗤之以鼻:"哪有得选,我们打工人根本没得选!"十几年前,我第一次看到经济学残酷无情地说"失业通常都是自愿的",当时我也是很难接受的,但确实无法反驳。

我们不要用极端例子抬杠。比如大学生找不到工作的问题，大学生真的找不到工作吗？恐怕更多是因为很多大学生觉得自己应该从事看起来是大学生干的活。但没有什么是应该的，难道大学生不能去送外卖、送快递、开网约车吗？

当然，我并不是说这些工作轻松，只是人活在现实中，还是要从实际情况出发，先接受现实，然后一点点改善自身的生活环境。运气通常更偏爱坚持积累的人。

或许"成王败寇"的价值观依然是主流，但我相信（也可能是希望）社会对失败者的评价会越来越趋于宽容。因为无论在什么领域，幸运儿总是少数，多数人只是默默无闻过完一生。

无论富贵贫贱，每个人所拥有的都仅仅是当下的瞬间，每个人的终点也都一样，我们不用太过在乎社会和别人怎么看待自己。这个道理虽然不难懂，但需要重复强调，更需要长时间的反复实践。

祝福每一个打工人过好每一天。

第四章 "内卷"的打工人

你难道不是在"拿命换钱"

每个打工人都在"拿命换钱"。什么是命？就是无论贫富贵贱，每个人的一天都是 24 小时。无论是在工厂流水线上，还是在互联网巨头公司，又或者是在送外卖的电瓶车上，打工人都是在"拿命换钱"。

如果把"这是个用命拼的时代"换成"这是个'内卷'的时代"，听起来也许就没那么刺耳。

互联网让各种声音，尤其是抱怨和发泄的声音聚拢。过去几十年，中国有多少行业的底层从业者不是在比"996"强度更高的环境里活着的？

如今每个人享受到的便宜商品都是从工厂里出来的，相比一些工厂的工作强度，"996"简直是休闲娱乐的级别。我多年前就说过，南方多数鞋厂的员工都是自愿加班的，因为工资是计件的，员工几乎是倾尽所有时间赚钱。太过"正规"的工厂在当时并不受欢迎。谁不想按时上下班，谁不想有点自己的生活，但更希望多赚钱。

工厂里的工人几乎是没有所谓的职业规划和上升通道的，是真正纯粹的"拿命换钱"。请注意，这不是什么值得赞赏的事情，我只是在描述一个客观现实。现实就是，很多人的收入很低，很多人都在拼命赚更多钱，很多人根本没有自己的生活。他们睁开眼睛就上流水线，直到大半夜双眼模糊，然后昏睡过去。

而这一切都是他们自己选的。也就是说，我们不管如何谴责这个时代，都不能忽视这样的事实。

让我们一起抛开情绪冷静下来，针对这个问题，你们说应该怎么办？

率先闯入大脑的想法就是让某个部门管一管这种加班制度，对吧？这种做法当然可以，并且还可以规定一周休四天。但结果会怎么样呢？可想而知，只不过是更多的人失业。

"怎么办"这个问题只能回归到个人选择上。也就是说，在有可选的生活方式的基础上，如果选项更多，我们就处在一个更好的时代。

一开始人们只能在村里务农，无论一个人有多大本事，户籍都把他"钉死"在本地。后来，人们可以出去打工了，有去做小生意的，有去工厂打工的，也有去当服务员的。以前你想开出租车，那得有牌照，当年很多城市的牌照都炒到了几十万元一块。再后来，你可以选择送外卖、送快递或者开网约车。还有微商和网店，都是相比过去多出来的谋生选项。

如今很多外卖员、快递员和网约车司机，放在多年前要么无所事事，要么去工厂打工，这就导致供过于求，工人之间的竞争会更

第四章 "内卷"的打工人

加激烈，其收益也就只能更低。也就是说，相比几十年前，工厂待遇提升的一个重要原因是很多人不愿意去工厂，尤其是年轻人。

别说工厂了，现在你在麦当劳还能看到年轻的姑娘和小伙做服务员吗？由于人口老龄化，年轻人变得稀缺，也就更值钱。

谈论"内卷"可以，但这也只是一种宣泄，被卷入其中的人早已司空见惯。摆脱"内卷"这个时髦词的唯一出路就是开放更多领域，给予创新进一步的自由空间。要做到这些，政策环境需要更加宽松，而打压资本就是南辕北辙了。

回到个人选择问题。如果一份工作几乎榨干了你所有时间，那么这份工作值不值得干呢？如果薪水足够诱人呢？其实，关键还是看自己的处境。一个人如果没什么钱，就得慢慢积累，只有积累了一些资本，才有资格谈选择。

另外，人对奋斗的理解可能不会变，但心态和实践力度会随着年龄和自己的真实处境发生变化。这不仅是能力问题，到一定年纪之后，生命中那些重要东西的次序也在发生变化。比如，相比要承担起养家糊口重担的中年人，年轻人当然更洒脱一些；相比年轻人的冲劲，中年人则会反复被人生意义问题纠缠。

无论处在什么年纪，人的状态都有个规律：越焦虑，就越没耐心，自身的处境也就会越糟糕。

希望各位沉下心来，更加有耐心。

当今的打工人可能是最不苦的一代

但凡有那么点社会经验的人都知道，那些富人，也就是所谓的成功人士，几乎都是工作狂。各行各业的优秀人才，比如雷军、刘德华等，基本上都在连轴转，醒着的时候基本上都在工作。

因为他们是老板，干的是自己的事业才如此拼命吗？并不是，比如雷军还在金山打工时就已经是业内的知名劳模。可以肯定的一点是，几乎所有的工作狂都乐在其中，他们对工作的投入和热爱根本就无暇让人生意义这样的问题闯进脑海。

一个人如果厌恶自己的工作，那么注定大半辈子郁郁寡欢。因为多数人一辈子都得有份工作来养活自己，然后才谈得上积累和后续的发展。工作不开心，意味着活着的大部分时间都不开心。在网上抱怨，在私下发泄，只是一时爽，解决不了实际问题。

解决问题的第一步是直面问题。为何不喜欢现在的工作？是占用太多时间，还是收入太低？能怎么办？想干什么呢？要如何才能从事自己喜欢的工作？

多数人在短期内是没得选的，因为资格和资本都不够。抱怨只会增加负面情绪,让自己更加厌恶每天的工作,导致自己每一天都无比痛苦。

认清现实就是冷静地梳理一下自己的现状和未来的可能性,然后踏踏实实地埋头"搬砖"。与此同时,给手头上的工作赋予意义,赋予各种美好且正面的意义。在这个过程中,个人的心理调整能力是非常重要的。如果你的工作实在无趣,或者你根本不知道如何赋予它意义,那就回到最根本的理由——为了钱,啥也别想,干就对了。这是最硬朗的意义,合法赚钱等于创造价值。

那些心中真有梦想的人,早就在业余时间行动起来了。所以,你经常会看到各行各业的优秀人才是中途换行业过来的。这种本事并非从天而降,你只是看不见人家私底下的积累罢了。

"996"已经是一种标签了,用来控诉资本的无情、人间的悲惨。

"事少、钱多、离家近",是人人都希望的吧!可是,人人想要的东西相当多,不可能人人满足。最根本的原因是,人们整体上还不够富。

同样的道理,互联网的出现让各种负面新闻有机会被大众知晓,以致人们以为世道在变坏。其实,世道没有变得更坏,只是以前的"坏"没机会被大家知道而已。同理,今天的打工人并没有更惨。

整体上看,今天的打工人可能是改革开放以来最不苦的一代。注意我的措辞:第一,整体上;第二,可能是。

20 世纪 90 年代左右,大学生毕业后包分配,他们占总人口的比例是多少呢?当时更多的年轻人几乎没得选,只能务农、进厂或做小生意。

很多人不知道,20 世纪八九十年代,大部分地区的农民多么渴望能有一份工厂的工作,因为工厂一个月的工资往往是在农村忙一年的收入。工厂刚出现时并没有强制什么人来上班,都是大家抢着去上班的。为什么啊,不是喜欢田园牧歌吗?因为农村实在太苦了!

等到 2000 年左右,就有什么好机会了吗?没有。那考公务员吧?可这种机会能有多少,能轮到谁?

这时早期冒险闯荡的人先富起来了。生意有生有死,死掉的更多。我也因此经常听到一个特别滑稽的说法:今天的年轻人再也没有机会暴富了,竞争太激烈了,不像过去几十年,神州大地荒芜一片,有好多创业机会,现在所有领域都被大厂把持,年轻人只能打工!这种说法肯定是站不住脚的,比如拼多多,谁能想到拼多多能在短短几年时间内做出这样的成绩?在拼多多出现之前一定有无数的人叹气,然后说由于阿里、京东把持着电商,电商创业没机会了!

近十多年,字节跳动、美团、小米、拼多多、快手等大大小小的公司,为这个社会提供了无数就业岗位。所以,我的看法恰恰相反,大企业越多,岗位就越多,普通人的机会也就越多。

开荒拓土是存活率极低的高风险游戏,九死一生,正所谓一将功成万骨枯。等那些创业公司厮杀得差不多之后,有几家会发展壮大,并给出更多职位,普通人这个时候再加入进来,开启每日打卡的上下班人生。这就是多数普通人最好的归宿。要知道外卖员、快递员、淘宝店主、微商、视频博主……都是几十年前不存在的职业。

形势比人强：观念的力量

买房、结婚、生子，真不知道这辈子图啥

有位读者曾给我留言：

主任，您好，我有个问题很困惑，想请教您。我的一个朋友看到我在深圳买了房子（面积60多平方米，户型还不是很好），就吐槽说："你为啥要把自己搞那么压抑，在这么小的房子住着多憋屈呀！而且，月供那么高，一供就是30年，在这30年里，你可能啥都干不了。因为房贷高，消费肯定缩减很多，你还不如拿这些钱到家里县城买个大房子，甚至还能有存款。如果你平时遇到什么事，家人都在身边，都可以帮上忙，幸福感明显会更高。"我嘴巴笨，不知道怎么反驳，但就是很明确知道他的这种想法不对。

另外，之前我看到一个视频，视频主角是个女性，她说："难道结婚就为了还房贷、车贷，然后再生出个孩子来，供他上学，为他做牛做马？真不知道这辈子在图什么！"我看到这句话一开始挺震惊的。如果一个人一辈子不婚不育，那么在

保证好父母生活的前提下，自己一个人快乐地活着，貌似也是一种人生。

对于以上两种想法，我该怎样去反驳呢？假如一个已婚女性，天天面对小孩，被小孩哭闹折腾得很难受时，突然也有第二种想法，我又该怎么去纠正呢？我很困惑，希望得到您的答复。

从个人主观价值的角度来说，我们无法说哪种选择是对的，哪种选择是错的。如果能分出对错，那就等于说生活方式有一个标准悬在每个人头上；如果真有这样一个标准存在，无论是强制规定的还是习俗默认的，都不是什么值得高兴的事。

人类从古至今都在研究幸福这件事，毕竟几乎所有人都渴望过上幸福生活。而大量的学科交叉研究差不多都有个模糊结论，即幸福感是一种心理感受：在收入达到一定程度之前，幸福感会随金钱的增加而提升；而当收入过了某个节点之后，金钱的边际效应是递减的，幸福感并不会随着金钱的增加而提升。因此，我们需要从认知角度去调节人的无限欲望。

农村里有生活幸福的人吗？当然有。城市里也必定有终日郁郁寡欢者。所以，辩论留在家乡还是去大城市发展是毫无意义的。

那为何我一直鼓励没有背景的年轻人去大城市奋斗呢？

因为万事万物都在发生变化，尤其是在我们这样一个加速城市化进程的国家。当下县城里让人知足的生活或许正在凋零，正如早已凋零的许多村落。如今城市或县城里的多数人是从乡村或小镇出来的,而几十年前,很多农村地区人丁兴旺,人们劳作辛苦但有乡村的生活趣味。现在我们有怀旧的情愫是难免的。但市场经济带来了城市化和人口聚集,这一切都回不去了。我们要面对现实,记忆里的各种"美好"终会逝去。

当然,活在当下,并不意味着人们在做选择的时候要完全忽视未来。

房价一点也不神奇,无论其中有多少风云变幻,都逃不出供需法则。因为大家都想买房子,所以房价会高,但很多县城的房子根本卖不出去。至于未来,这样的县城只会更多。房价同时也是一个信号:如果某个区域的房子失去了需求,这就意味着该地区的经济在衰退,当地人的生活质量必然会受到影响,尤其可能出现就业问题。

我们不必等到类似鹤岗房价这样的新闻出来之后再表示惊讶,这一点也不值得惊讶,一切早在静悄悄地发生变化。

大城市意味着更多的可能性,不仅仅是金钱上的可能性,还有个人自我价值实现的可能性,以及人际关系的可能性。因为在大城市,有天南地北的人,所以无论什么样的人大概都能找到自己的同类。

在哪里买房,买不买房,结不结婚,要不要孩子,无论选择哪种生活,我们最终都是在用行动回答:这辈子图啥?

你看,这又是一个没有答案的问题。张三这辈子可能就图发财之后吃喝玩乐,李四可能执着于在某个领域做出一番成就。但是,在描述人生时,多数形容会显得轻率无比、过于简化。当看

第四章 "内卷"的打工人

到有人养家还贷时,我说这是负责任,有些人则说他这辈子就是为了还贷并且给孩子做牛做马。买房和买其他东西的性质没什么不一样,想要房子,就得付出成本。即使一个人选择不婚不育,也得工作攒钱买东西吧!那我们是不是可以说,他这辈子累死累活就为了"买买买"呢?

如果把生活简化成一两句话,那看上去没有任何生活是值得的。

与女性生育有关的讨论已经不是一天两天了,女性作为一个群体的声音也越来越被重视,女性生育的成本问题以各种形式一次次出现在人们的视野之中。让更多人(尤其是男性朋友)意识到女性在生育上的付出,的确可以让更多人多多体谅妈妈这一群体的不易。但我们很明显能感觉到其中的风向,并且倾向性明显——你似乎能听到如今一些女性意见领袖在大声疾呼:姐妹们,可千万不要生孩子啊,太惨了。

生不生孩子是每位女性自己的选择,我一个男性给出任何建议都不合适。但我们可以聊聊客观现实。

客观现实就是,做什么事情没有成本呢?

如果在大城市买房,我们就要支付大笔资金。有些人算过,自己不需要很多钱就能租房住一辈子,那么为啥要买房呢?

再说一个最基础的日常行为。大家知道交通事故是有出事概率的,每天都有一定数量的人死于交通事故,这意味着什么呢?也就是说,任何人只要出门就是有风险的,尽管概率很低,但确实存在。所以,出门是有成本的。那人为啥不尽可能躲在家里呢?

光看收益不看成本是莽撞的，但只看成本不看收益同样愚昧。

婚育从来都是两个人的事，现在却突然单独把女性的生育成本摘出来剖析，这种思维方式本身就是对夫妻二人感情的破坏。换句话说，如果算得这么清楚，那么女性生一个孩子所承担的成本，需要她老公支付多少钱来弥补呢？接下来，在未来生活的每一天里，带孩子值多少钱？做家务值多少钱？两个人的每一次行为都明算账，这还是夫妻吗？如果有的家庭已经这么算账了，那么夫妻在一起的意义也就不大了。

相比漫长的养育，生孩子的成本不值一提。过程中的疲惫导致什么样的念头都不奇怪，这需要自己调节。人在工作特别不顺的时候还有暴力倾向呢，但也不会真的去揍哪个同事吧！

关于这辈子图什么的思考和累积的文字，大概一座图书馆都是装不下的。但一个人在走到结婚与否的决定关口时，有必要凝视自己必将衰老和死亡的确定事实。老实说，我就不知道这辈子图什么，因为我没什么人生目标。这不是无欲则刚，我有欲望，只是没什么期待。正因为我没有特别执着的目标，我才可以更专注于眼前事，比如此时此刻，我正在敲打这些文字。如果我强烈渴望某篇文章能获得超 10 万的阅读量，这就是有目标和期待，那么当目标未实现，我显然会失望。

时刻提醒自己会老会死这件事至关重要。在死亡面前，人们如今所珍视的绝大部分事物都是浮云。必将到来的死亡和意外将时刻提醒你，什么事值得费神，以及什么事无所谓。你也不要期待别人告诉你什么是重要的，每个人只要反复深刻地面对必然的死亡，就会有自己的答案。

如果你觉得反正都要死，无所谓什么活法，这种虚无就是一种自我标榜，是不实诚的。过去，因为媒介不发达，真正的虚无主义者恐怕都已经自杀了，假模假样的虚无主义者由于没有人围观他们的表演，反而能老老实实地生活。现在不一样了，假虚无主义者的天堂来了，互联网给了每个人自我表达的渠道，即表演渠道，假装颓丧的姿态轮番上演，让"虚无"变成某种时髦。

从生到死，从无到无，人好不容易来到世上，在这段旅程中，最幸运的大概是能够努力去扩展自我的界限，去完善自我。一人吃饱全家不饿，是最轻松不过的，但这类人群在与他人的情感交流上会缺乏更丰富的层次。除了极为特别且伟大的个人能够在爱众生中让自我融进社会，一般人只能从身边的亲密关系开始学习和懂得爱，比如爱自己的伴侣、爱孩子。这是体验的过程，其中滋味无法靠想象获得。

这些年互联网上的各种噪声太多了，人是很容易受影响的。尤其是一些煽动性很强的文章，为了营造特定的情绪，满篇都是些胡编乱造的狗血故事，特别受部分女性读者青睐，同时也不同程度地误导了一些人的重要人生决策。

我是真心觉得，在是否婚育这件事上，每个人，准确地说是伴侣双方，应该好好商量、认真分析、反复琢磨，利用自己的想象力，结合自己的条件和能力预期，然后再做决定。不要赶时髦，不要被互联网上他人营造的光鲜迷惑，你是你，别人是别人。

祝大家都有一个自己满意的人生。

形势比人强：观念的力量

好友相聚在一起养老靠谱吗

有5个姐妹相约在云南选一所房子，准备一起养老。虽然这是某装修节目的软广，但选题本身值得探讨，引发了很多评论。你大致可以猜到，评论几乎都是羡慕之意：美好，梦幻，理想中的养老生活。

正如过去几十年奇迹般的经济发展，中国如今在世俗生活层面也开始进入一种前所未有的阶段。过去，一个人到了差不多的年纪会结婚生子，跳不出老家传统的束缚力量。而在城市里，个人较少受传统力量约束，在婚育方面可以有多重选择：是结婚生子，还是丁克，抑或不婚？

没有任何理论可以保证哪种生活方式一定更幸福，所有人都期待有个标准的答案，可惜没有。但人们依然期盼着能有一些启示来供当下行动参考，尤其是结婚生子这种需要慎重对待的选择。

传统价值观和新兴的舆论可能都有其强烈倾向，谁也说服不了谁。但我们可以沉下心来，更加冷静和理性地端详摆在眼前的

第四章 "内卷"的打工人

几条路。

从结局来看,人都会逝去。人必有一死是一件值得反复强调的事,并不是因为你我不清楚这个现实,而是因为很多人似乎有意无意地忽视它。

这个事实意义重大,因为这大概是人与人之间最大的平等了。对芸芸众生而言,这是一个强烈的安慰。如果生命无限,那么人类的行为乃至经济学都要崩塌,所谓意义重大正是因为生命有限。

认识到自己会老会死的一个极为可怕的负面影响就是很容易陷入虚无主义。在那些坚持一切毫无意义的人眼里,选择孤独终老意味着对他人的影响最小。但从更严苛的角度来审视这种心态,这又是一种不实诚。一个人既然觉得一切都毫无意义,为何不立即自杀呢?所以,我们可以有个大概的推测:那些颓丧的人多半是"凹造型"上瘾。这虽然不同于自我感动,但也是一种寻求存在感的方式。

自欺欺人是无害的,只是诚实地活着会更开心一些。除非有着极为强烈的成就意图,否则普通人很难在长期的单身生活中找到意义,最多是在工作和其他领域升级打怪、攀登高峰,直到把自己累到干不动为止。或许,这时他们才会恍然大悟:一辈子都在忙啥呢?!

的确有各行各业的知名人士选择一辈子单身,在其作品被广为传颂的时刻,单身的生活方式似乎也变成一个令人垂涎的选项。但这种生活方式并非看上去的那么光鲜,存在幸存者偏差。

人固有一死，所以人与人之间的差别就在于生活质量的差异。不断提升生活质量也是人们一直以来的奋斗目标。那么，人与人比什么，是拥有的物质吗？那是没有尽头的，是永远比不完的，也没有对比的标准。好在很多人很快就意识到了这一点，在交了一大笔虚荣费用之后，是欲望的减少，是物质上的无欲无求（当然并非真的无欲无求，而是商品带来的快乐刺激越来越短暂）。还有一部分人，尤其是没钱的年轻人，像吸毒一样对购物上瘾，在借贷无比方便的时候欠下一堆债务，从而导致人生毁掉大半。

人到中年，危机主要来自经济上的压力。不要觉得没有孩子就没压力，不要那么天真。既然剥去了情感的陪护，那么纯经济型养老需要的钱不会少。其次是意义危机，这个跟钱无关。随着身体的变化、环境反馈的变化（比如以前还挺受欢迎，现在无人问津，若还有一些身体疾病，就会让人更加恐慌），就人均寿命掐指一算，还剩几年呢？坐在空荡荡的客厅沙发上问自己，就这么等死了？吃喝玩乐也都重复好几遍了吧？既然钱都赚够了，那么动力何在？自己还能折腾出什么了不起的成就吗？意义湮灭，中年人日复一日都要面对这样的拷问，每过一日，就越衰老，就越接近死亡。

如果我们做不到假装不知道，那么再多的酒精对我们来说也没用，只会加速灭亡。

有孩子的人当然也会死。我们从 30 岁开始算，在未来的大概 40 年内，每一年的生活都会随着孩子的成长发生变化。这个变化是一种生命力，是蓬勃，是期待，是希望。这些加之于肩的责任感就足以证明一个普通人一生最重大的意义。若有其他富余的精力，他再去改变世界，那就是奇人了。

个体是极其受限的，谁也躲不过生老病死。生活不是电影，无法在一个半小时里演完各种精彩。生活要乏味得多，无论一个人多有钱、多成功，生活都是起床之后的16个小时（假定睡足8小时），谁还能每天都把日子过得波澜壮阔吗？不会的，大多时间都只是平淡无奇。

从古至今，无论是帝王还是普通百姓，都有永生的野心——宫廷炼丹，民间煮药。但从生命科学的角度来看，大自然早就给予各个物种永生的秘诀了，那就是繁衍，就是基因的复制和延续。也正因此，肉身的死亡变得不那么可怕，只是一种合乎自然规律的新陈代谢。

生养孩子累不累？累，是没有标准的累，是与家长对孩子的期许成正比的累。当然，生养孩子也可以不那么累。但是，光"累"这一点这已经足够吓退很多人了。

养老观也在改变。的确，当下的年轻人粗糙地估计一下自己的收入，好像可以在彻底干不动之前攒够养老钱。那么，从纯经济的角度来看，养老确实不需要下一代。然而，实际上的经济变化要比预想的复杂得多，各种难以预料的坑随时会出现。总之，能攒够很多钱养老只是少数人可以做到的，多数普通人是做不到年轻时就攒够养老钱的。我们要认清这一点。

但不管怎么说，我们至少多了一个选项，可以不生孩子。现在走在这条路上的年轻人越来越多,其他发达国家早有人走过这条路,也有人调查过这个群体晚年的幸福程度。在未来的二三十年内,中国那些选择了丁克或者单身的人的晚年生活会陆陆续续地呈现出来。

那么,几个好朋友聚在一起养老靠谱吗?这是一个在有条件的情况下很自然的梦幻选择。请注意,这种养老模式的门槛不低。即便如此,我的理解是,这种选择虽然比一个人孤独在家养老强,但不靠谱。

第一,朋友时刻黏在一起必然会出事。朋友相处一两天会感到很新鲜,但这种过于亲密的友情岁月持续不了多久。人和人之间没有那么多话聊,熟人之间尤其如此,多年不见的朋友才更亲密,感情可以回暖。朋友天天在一起,很快就会暴露各自身上的缺点。第二,这就是熟人组了个养老局,还需要花一大笔费用雇用干活的人,跟养老院在本质上区别不大。一旦大家有了矛盾,这种朋友相聚的养老模式说解散就解散了,是完全不稳固的模式。所以,我是不看好的。

养老需要一定数量的钱,更需要家人情感上的牵挂,这条情感线对老年人来说至关重要,是晚年幸福的根本所在。相关的社会学、心理学调查都证明过这一点,更何况调查也未必都能获得真心话。也就是说,如果我们把那些嘴硬撒谎的结论都算进去,结果就更可信了。人的晚年幸福,需要亲情、友情。

当然,我们在探讨这种事情时举一些个例就没意思了,有子女不孝的老人,也有貌似安享晚年的单身富人。但在是否生孩子这类人生重要事项的慎重决定上，我们的判断依据该是什么？我认为并不是国外的一些调查，而是那些人到中年之后彻彻底底的对生活的反思。

最后，以上的分析可能都是错的，但我们在这件事上跟任何观念抱团或者怄气都毫无必要。因为你的生活是你自己的，无论主动还是被动，你都得走上某一条路，而最终结果也只能是自己负责。

形势比人强：观念的力量

377万规模的"现实大逃亡"

2021年，硕士研究生报考人数达377万。2011—2021年历年的考研报名人数如下表所示。

2011—2021年考研报名人数

年份	人数
2011年	151万
2012年	165万
2013年	176万
2014年	172万
2015年	164万
2016年	177万
2017年	201万
2018年	238万
2019年	290万
2020年	341万
2021年	377万

20年前,大学之所以扩招,是为了缓解就业压力。如今的研究生扩招也是这样的,甚至已经不遮遮掩掩其目的了,直接告诉大家就是为了缓解就业压力。

从宏观视野来看,大学扩招没毛病,这样学生可以多一个出口,从而避免失业问题带来的不稳定因素。但在这种视角下,个体是被忽略的。

这个视角只能是权力视角,普通人只是活在十几亿人洪流中的一滴水。这就是既有的环境,多出的选项不意味着适合自己。大学生们站在十字路口:就业还是读研?

你会发现,2014年和2015年的考研人数是下降的。那时正值全民创业接近尾声的时期,大学生恨不得马上就出去"勇闯天涯"。

然而,也有很大比例的报考学生是为了逃避眼前的就业困难。人在遇到困难时要么迎接挑战,要么跑路,而跑路是多数人的选择。但躲得过初一,躲不过十五,现在读研的人越多,毕业后面临的竞争也就越多。而且,谁能断定两三年之后的就业岗位会更充裕呢?

高考的游戏规则是坚硬不可动摇的,学生必须屈服于环境,但考研不是,它是个人做出的选择。如果考研的目的是逃避就业,那么这种不敢直面现实困难的性格短板很难被一张研究生文凭遮掩。

有读者针对职业和爱好问题给我留言:

形势比人强：观念的力量

我现在的感觉是，在一线城市，对于任何一个爱好来说，如果自己做得足够精深，貌似就可以成为职业，因为围绕这一爱好而聚集的潜在人群足够形成市场，同时周围也能有一个行业圈子（当然，喜不喜欢把爱好当职业是另一个话题）。现在如果我们想在职业上精进，那么上班时间是绝对不够的，我们需要下班之后再进行更多的学习。根据图书销售市场报告，职业培训类的书籍基本上被一、二线城市包了，其中一线城市占更多百分比。我觉得，这样的就业环境会让人去选择自己擅长的、喜欢的（愿意花更多时间在上面的）职业，而不是看起来热门的职业。因为热门的只是行业，但是能不能做好，是需要看自己是否适合这个行业的。

以上是我的观察，如果可以，我也想听听主任的看法。

我认同这位读者的观点，事实就是这样的。对于任何一个领域，哪怕是冷门的、小众的，一个人只要钻研得足够精深，就一定有饭吃。

我在民营企业也混过十几年，也筛过无数简历，也面试过一些人。除非学校特别耀眼，我几乎不关注应聘人是研究生还是本科生。据我所知，很多用人单位更在乎应聘人的本科学校。我知道不少人读研的目的是更换专业、更换学校，从而让自己的履历好看。其实，不管履历多么好看，在参加工作之前，我们都只是毫无工作经验的学生而已。

当工作以后，谁在乎你过去读的什么学校？对于踏入职业的门槛来说,学历几乎是隐身的。也就是说,社会招聘只看经验,不看学历。任何公司(国企我不知道)的升职加薪也几乎不会把员工的学历考虑进去。

不要说个例——比如某人就是通过考研获得职业机会的,因为个例的意义不大。总体上看,多数选择考研的人是在逃避现实。虽然我们无从得知每个具体的动机,但这个判断大体上没问题,跟政策上为缓解就业压力的扩招初衷也是完美契合的。

我们再说就业。工作岗位是谁提供的?是不是企业家?是不是资本?是不是需要自由市场的创新?但很奇怪的是,一群大学生在网络上齐刷刷地跟着痛斥资本。

如今,年轻人的成长之路总体上要比过去二三十年舒服太多了。这也是经济发展的必然。但是,他们完全不知道自己吃穿不愁并且还能赚到钱,到底是怎么回事。如今的年轻人当然无法体会到父母一代过的是什么日子。他们认为:"我们太苦了,我们这一代人最苦了。"没有哪一代人是轻松的,但整体上看,一代人比一代人过得舒服是事实。

但社会不是只有向前发展这一种状态,也有可能发展停滞,甚至倒退。

苛责的意义不大,如果一个社会的环境变差了,那么必定有更多无知的人在欢呼。如今,我在网上看到相关信息的感受是,沉默的多数在恐慌,乌合之众在狂欢。

任何一个人,或者说一个自食其力且经济独立的人,无论拥有什么学历、从事什么行业,必定都是有所贡献的,这意味着他是有价值的。现在很多人喜欢自嘲为"打工人","打工人"这个称呼算好听的,也可称作"工具人",我反正不介意别人叫我工具人。你得成为别人有用的工具才可能存活下来,然后寻求进一步的发展。一个人的社会价值只在于外界的认可,孤芳自赏和自我怜悯只是一种自我感动。

互联网的氛围,喧嚣又寂寞,寂寞又喧嚣,给了无数人刷存在感和满足虚荣心的平台。紧接着,他们就上瘾了,毫无成本地刷存在感,忘乎所以,与他们现实的生活是完全割裂的。

人生就是一场冒险,我们的每一步成长都是从克服困难过来的:克服了不会走路的困难,克服了不会说话的困难。我们学习知识,耗费了大把的时间和精力,在试错中不断吸取教训、不断成长。如果我们躲起来,那么逃避外界的困难对我们来说只是暂时的安全,除非我们能躲到死。

再谈一下宏观政策,我有一个合理预测:在大学生就业难的未来,研究生满地走,反而职业教育出来的学生更有竞争力。在这样一个转型过程中,读研的投资回报是极低的,甚至越来越低。社会需要的是实实在在的有技能的人,而不是空有学位的人。

我还是那句话,中国的高等教育纵有万般不堪,但有一点好,就是学生的时间相对充裕。我希望研究生朋友切不要过于依赖文凭,而是利用读研的时间认认真真掌握一项技能。

最后,我也祝福各位考研人。

第四章 "内卷"的打工人

丁真,做题家,学历焦虑

知乎上有个回答,大意是说:"大多数普通但努力的中国人,比丁真努力,比丁真有知识,比丁真有才华,遵纪守法,孝敬父母,不闯红灯,不随地大小便,给老人让座……但生活似乎更青睐帅气的脸蛋,官媒都为其点赞推广。

简短的几句发泄,获得高达 10 万次的点赞。

然后,《中国青年报》发声了,标题是《"做题家"们的怨气,为何要往丁真身上撒?》。这篇文章的大意是:社会成败规则与校园不一样,大家都是靠埋头做题出来的。丁真是幸运的,也是无辜的,迁怒于丁真,于自己的现状无益。我们不如一起关注更加现实的问题,研究如何让努力与回报更具有相关性。

虽然《中国青年报》起的标题很气人,但文章内容还是挺中肯的。最后,《中国青年报》被乌泱泱的评论攻击到关闭了评论。

《中国青年报》起的标题着实有点得罪人了,"做题家"还不是高考的游戏规则培养出来的?另外一个令网友生气的点是,《中国青年报》作为官方媒体居然理直气壮地用"做题家"这样的词来形容普通学子。

与此同时，另一条关于学历焦虑的视频也在扩散传播，其内容只是呈现一个事实：当更多毕业生都希望能进入互联网大厂时，当一个职位收到数千份简历时，从效率的角度来看，公司的人力资源部门基本上只能先从985高校和211高校开始挑，拥有二本学历的人参加面试的概率很低。这是现实，不管一个人高兴与否，现实就是现实。

知乎的高赞评论就像是一次有意的煽动和挑衅，恰好给了《中国青年报》一个不错的选题。正好官方在推丁真，网友也十分无聊，看戏的看戏，参与的参与，这件事轮番上热搜，显得这好像是个多么严重的社会问题。

丁真和小镇"做题家"根本就不存在对立关系。

互联网会让一个人的名气指数级放大，但这更多是意外事件。我也不觉得有谁真的不服气，其实他们就是发发牢骚，调侃几句解解闷而已。有谁能否认绝大多数成功人士都是幸运儿？

现在的局面是这样的：我们有好几亿的网民，彼此严重割裂。线上有个看不见的圈，圈内生活温暖、舒适、有安全感，人们在日常群聊里分享比较刺激的奇葩新闻，跟着熟悉的意见领袖的情绪走，而有时因为一些热点事件，无数圈子会莫名其妙产生交集。这时评论人的年龄、学历、收入、见识、朋友圈等都搅在一起了，就很难区分了，我们要想在这里看到什么有价值的主流思考是很难的。

丁真为什么能红？没有固定的答案。就既定的事实来看，丁真很优质,自然能为当地的旅游和土特产等带来更多的关注,这的确是一件好事。至少我个人觉得挺好的。

不管一个人付出了多少、有多么不容易,能被人喜欢就是了不起。丁真因为被无数人喜欢,所以红了。红就是一个结果。绝大多数人都渴望自己能红,毕竟名能带来利,或者说名本身就足以满足不少人的虚荣心。这些都是一个人正常的渴望:受人关注,获得存在感,感受价值。但这些又是妄念,因为很难实现,一个人可能无论怎么努力都红不了。名气如浮云一般,不仅虚幻,而且难测。

"做题"才是绝大多数普通人的正道。自有科举以来,国人就前仆后继。这当然不是完美的教育考核方式,教育应当更加灵活,也应更加丰富,要尽可能让每个人都挖掘自己擅长的东西。但现状依然是"千军万马过独木桥",几十年了,我们的人才选拔方式没变。

在校园之外,社会对人的评价方式随着经济的发展、互联网的普及、产业的丰富,其实已经发生了很大的变化,这主要是因为互联网给予了人们更加公平的机会。说实在的,真正有才华、有能力的人是很难被埋没的。无论是在线连载小说,还是画漫画、拍视频等,谁在乎创作者的学历?虽然很多社会实验已经表明,网络效应之下最好的作品不一定最受欢迎,但就当下人与人的知识结构差异导致的分割而言,多数创作者还是能找到属于自己的那部分受众的。

有些人大概会问:如果没有学历,我们如何去掌握你说的那些技能呢？其实，这些年技术环境变化得实在太快了，绝大多数的互联网从业者或者平台创作者都是自学和摸索出来的。当然，随着行业的发展，先行者自然会做基础的培训，比如笑果文化或者单立人搞脱口秀训练营等。

最近，我们国家也在向德国学习，重新开始重视职业教育，但被骂得很惨。职业教育大概率会成为将来多数人要走的道路，终能被接受、认可以及比较实在地满足就业。

对每个人来说，重点是培养自我学习的能力。如今，一个人想学什么都可以学到，互联网上提供了各类资源。移动互联网上的众多平台也提供各种机会。不过，网上也充斥着大量的垃圾和诱惑，我们要提高辨别的能力。

如果一个人可以永远嘻嘻哈哈、醉生梦死，那自然美妙无比，可惜不是这样的。每况愈下是常态，尤其当人们在年轻的时候高估了自己中年以后的赚钱能力，也低估了竞争的惨烈。

五年前，我写这些是没什么底气的，大多是我的想象和推断。但我这些年看到太多面对困境备感无奈的中年人，他们当年的意气早就消失殆尽，并且走向了更糟的境地。

写到这里，我又略感遗憾，我担心那些真正需要这些文字的年轻人看不到，而很多老读者又会觉得这是陈词滥调。所以，随缘吧！

第四章 "内卷"的打工人

全职妈妈没那么容易当

张桂梅老师说她反对女性当全职妈妈,引发了很多的讨论。张桂梅老师的理由不难理解,她认为女性应该始终在经济上保持独立。老话说得好,经济独立才有人格独立,靠任何人都不如靠自己。张桂梅老师也指出了全职妈妈另一个比较突出的隐患:长期不工作容易与社会脱节,复工要面临巨大的挑战。

张桂梅老师把自己的大半生都奉献给了大山里的孩子,鼓励她们走出去,能帮一个是一个,非常伟大。她看到那么多的女孩子,尤其是那些有天赋的女孩子仅仅因为出身贫寒,就被堵住所有上升的机会,十分痛惜。因此,我非常能理解张桂梅老师在这种情况下对全职妈妈的"怒其不争"。

支持也好,反对也好,这件事没有标准答案。

乔丹·彼得森教授在谈到对自己女儿的期许时是这样说的:

> 说到支持我的女儿,我会鼓励她大胆尝试任何她感兴趣的事情,但与此同时,我也会真诚地认同她的女性身份,不

会去批判她因为家庭而对事业做出妥协的选择。①

这句话的意思是,如果女儿选择家庭而放弃事业,那么他会尊重女儿的选择。

这个世界上的很多问题是贫穷造成的,而很多冲突都是认知偏差。

全职妈妈听起来就是不用上班,有人养着。其实,任何一个人试着去带孩子就会明白,相比全职妈妈的辛苦,"996"简直不值一提。

最近,"打工人"这个词很火,我们权当这是一种自我调侃,用来疏散内心的阴郁。打工人也别觉得自己特别委屈,因为打工人是旱涝保收的,如果公司倒闭了,他换一家就是。可是全职妈妈呢?半年没有完整地睡过一觉这种事就不提了,就说等孩子稍微大一点,吃的、穿的、玩的、用的都需要精挑细选,丝毫不敢怠慢,妈妈总希望在能力范围内给孩子最好的。等到孩子差不多要上学了,孩子的功课要操心,孩子的心情要操心,孩子的健康要操心,孩子的课外班要操心,孩子的周末活动也要操心……

那么,自然就有了接下来的质问:"为什么不是爸爸当全职奶爸在家带孩子?"女性需要独立,需要出去工作!

我认为这就是一种对立的思维了。这里不应该分男女,而是

---

① [加]乔丹·彼得森著,史秀雄译:《人生十二法则》,浙江人民出版社2019年版,第315页。

每个家庭需要从实际情况出发，分工合作。家庭是个小单位，如果成员对立，组织必然分崩离析。一个家庭要想阖家欢乐，就得分工协作。家庭收入可以允许女性全职带娃，自然是理想情况。有些女性不舍得放弃自己的事业，当然没问题，那是她们的选择。如果一个家庭里的女性赚钱更多，那么男性当全职奶爸也无可厚非。知名导演李安就曾在家当了6年的全职奶爸。

总之，每个家庭内部的情况都不一样。另外，我们无法忽略的现实是，在多数夫妻关系里，男性的赚钱能力的确是要更强一些。还有一个是与生俱来的差异（就如同会怀孕的是女性一样），女性天然地更会带孩子，孩子也更愿意跟妈妈在一起。这一点，无论中外皆是如此。

乔丹·彼得森认为，男性需要认可妻子作为母亲的神圣之处。因为母亲这一角色会对孩子产生很多重要影响，比如信任感的建立等。母亲的职责和母子关系应该得到丈夫、父亲和社会的正确看待。所谓正确看待，就是给予妈妈们更多的体谅和尊重。

而从长远来看，"世界的命运取决于每一个新生儿，他们现在虽娇小、脆弱，但在未来都有可能用言行影响世间混乱和秩序的平衡"。所以，妈妈的角色至关重要。

一个女性是否打算当个全职妈妈不应该成为焦点，更加值得关注的是，整个社会不仅应该给予母亲这一身份更多尊重，还要正确看待抚养孩子这件事。带孩子真的很难，在城市里尤其难。全职妈妈需要实际的权益保障，也就是在法律上有相应的保障，比如一旦婚姻出问题，无论是财产纠纷还是抚养权问题，全职妈妈的贡献都应该受到相当程度的肯定。毕竟，类似张桂梅老师说的那种风险是存在的，世事无常，不是任何女性都会碰到负责任的丈夫。

一个社会如果忘记这一点（母亲的神圣之处），就会很难持续。

第四章 "内卷"的打工人

不要搞对立，男女都不容易

韩国电影《82年生的金智英》在中国也引起了巨大的共鸣。据说因为这部电影，韩国男女在舆论上对立得极其严重。韩国女人大多给这部电影打高分，而韩国男人大多很生气："我们韩国男人不累吗？你们女人不用服兵役吧？"

近年来，随着"女权"两个字的频繁出现，你可以想象会有多少人依附在这类题材上面替女同胞控诉传统文化里的女性地位。

金智英结了婚，成了家庭主妇，在遛孩子、喝咖啡的时候被一些年轻的女人说闲言碎语。不过，不管你干什么，都有人说闲言碎语。

比较残酷的是职场，这也是"女权"寸土必争之地。比如，女性不太敢要孩子，生了孩子也会想办法以最快的速度回到工作岗位，因为离开太久，她的位置可能就没了，她大概率会被边缘化。很多妈妈在生孩子之前学习好、学历好、工作好，但最终要全职照顾家庭，这很让人不平。

无论有没有这部电影，女性在职场上遭遇的问题也导致了一定程度的男女对立。因为现实对女性非常不公平，比如，很多岗位在招聘的时候会担心女性很快结婚生子而只招男性。但我们如果换位思考也能理解，因为公司要慎重考虑人力成本。

一边是公司需要考虑的成本和更长远的规划，一边是女性面临的生育不确定性。这其中的矛盾能解吗？无论是欧美国家还是亚洲国家，在职场上，所有的女性都要面临这样的问题。这背后不存在刻意的歧视，仅仅是公司出于人力成本的考量。

所以，我们仅凭观察生活就能发现，社会上已经有越来越多的独立女性，她们可以一心扑在工作上，加上能力卓越，在职场上是不输给男性的，不过比例小。为什么比例小？因为更多的优秀女性在事业和家庭之间，还是会选择照顾孩子，在时间和精力上很难两边兼顾。

如果我们把家庭比作一座私有制的堡垒，那么这种情况（女性没了收入，全职照顾家庭和孩子）同时会把收入的压力转移到家庭的经济支柱男性身上。《82年生的金智英》也透露了这样一个事实：男性有产假也不敢休，因为会面临和全职妈妈同样的问题，担心回来后位置不保。

我们有必要让更多人知道全职妈妈的不容易，也有必要让更多人知道女性在职场上面临的问题并非文化上的歧视造成的，而是即使你当老板，你也会考虑的用工成本问题造成的。

但比较遗憾的是，很多文章在描述这些事实时会形容女性"沦为生殖机器"或者"变成育儿工具"。其实，这是在歪曲事实，也忽视了女性的自主选择。

我相信,当下很多优秀的女性选择在家带孩子并不是被迫的,而是自己在人生的一个全新阶段的选择。对于一个女性选择育儿和一个女性选择在职场上杀出一片天地,为什么后者是一种独立的象征,而前者像是被压迫的呢?我认为这种偏见恰恰是某种社会化的结果。

针对《82年生的金智英》这部电影,某个公众号文章下面有这样一条评论:

> 真的感谢中华人民共和国成立初期对"妇女能顶半边天""不爱红装爱武装"的强力宣传,以及独生子女政策。我们这一代人真的比日韩同代人幸运恣意太多了。而现在那些鼓励女性靠"好嫁风"之类的择偶观,真的是历史的倒退!警惕啊,姐妹们,经济决定地位,不管是在社会还是在家庭。

这条评论是有些问题的。计划生育政策在一些女性眼里成了保护她们的工具。在重男轻女的文化传统里,她们不知道严格的一胎化会使人们的生育逻辑变成什么样。我们的确要倡导关爱女性,对女性的处境给予更多关注,但不能胡说八道。

然而,我们如今看到的又是什么呢?是一种男女的对立。其实,如果我们硬要让职场从招聘到晋升有绝对公平的规则,并非做不到,呼吁有关部门管一管大概是可以做到的。但是结果呢?

其实，结果更不利于女性，因为多数女性的就业门槛会被拉高。男女之间并非竞争关系，男女天生存在差异。在家庭中，男性和女性是合作共赢关系，随之而来的就是夫妻之间的分工关系。并没有人规定女性就得带孩子，当然也可以男性带孩子、女性上班赚钱，有些家庭就是这样分工的。

其实，女性地位问题之所以被尖锐讨论，一个原因是社交媒体的放大，另一个原因是经济萧条。虽然在日韩经济腾飞的时候，女性地位的问题也存在，但被高速的经济发展掩盖甚至忽略了。

如果说生育率跟经济发达程度成正比，那么很多人可能要说日本是发达国家，为何它的生育率低迷了这么久，韩国的生育率更是跌破了1。我认为，根本的原因在于普通民众的生活负担重。

如今，日本人、韩国人甚至中国人都不爱生孩子了，不要看整体的经济增长数据，看看东京、首尔、北京、上海、深圳等大城市里年轻人的生活负担就全明白了。如今在大城市里打拼的年轻男女对此深有体会。

城市化极大地提高了家庭的育儿成本。无论是在日韩还是在中国，要么是老人带孩子，要么是请保姆带孩子，这里还涉及有些夫妻不愿意跟父母同住的问题。总之，在成本上来后，很多女性选择在家带孩子。那么，是否有可能从宏观层面减轻众多城市家庭的负担呢？

有孩子的、正打算要孩子的或者恐惧要孩子的，大多面临的都是经济问题和教育问题。

回到《82年生的金智英》这部电影，韩国男人纷纷打低分。我倒觉得这种争论没必要。负责任地生活本身就非常不容易。而关爱女性的出发点是毫无问题的，我们应该关爱女性，理解全职妈妈。但为了真正达到目的，我们还是得更理性一点。

形势比人强：观念的力量

养儿防老的观念没有过时

在农耕时代，人们靠什么说话？靠的是"人多势众"。在生产力水平差异不大的情况下，家与家之间能否拉开差距就看人丁是否兴旺。再者婴儿死亡率居高不下，多生是一种特别自然的选择。为何不是女性主导？因为那个时代的生产劳作模式比拼的就是肌肉，而女性天生力量不足。另外，如果女性连续怀孕，那么女性大部分时间会处于更加柔弱的状态。这个历史时期的女性地位普遍不高，否则近代也不会出现女权诉求运动并席卷至今。

这样的社会遑论金融、保险、理财呢！当时，人们靠天吃饭，吃的是纯粹的青春饭、体力饭，养儿防老就成了一种必要选项，甚至都不应该被称为选项，而是一种本能，一代一代人就是这么过的。社会关系和生活方式跟时代大环境是分不开的。

那么，养儿防老的观念在今天过时了吗？

这个问题已经变得比较复杂了。从经济层面来看，的确有些人可以在自己彻底退休之前攒够养老钱（如果期待养老金就天真了），他们不需要下一代给自己养老。但是，你觉得你可以给自己养老吗？根据当下的各项经济数据，大多数人是不可以的。很多中年人尚且为谋生焦虑呢，哪还有信心保障自己能有体面的老年生活？

一说到生育，舆论氛围极其容易陷入男女对立。比如，生孩子遭罪的全是女性，身材走样，哺乳艰辛，产后抑郁，原本的工作也被人替代，等等。确实存在这些情况，但就这些问题求公平就是抬杠，男性倒是愿意承担这些痛苦，可生理构造不支持。所以，人类社会在长期的家庭分工中会要求男性承担更多养家的责任。养家就是男性必须承担的义务，社会也的确对男性的赚钱能力要求更高一些。家庭是私有制的堡垒，夫妻本就是合作关系，不应该是对立关系。如果抱着对立的思维方式，你也就没必要跟任何人组成家庭了。

再从情感层面来说，养老需要的仅仅是钱吗？想象一下：当你退休的时候，父母大概率不在了；周边的环境始终没变，世界永远是年轻人的世界；年轻时奋斗了几十年或许换来了大房子，可空荡荡的大房子里只有两个老人；逢年过节，窗外张灯结彩、鞭炮齐鸣……人有情感需求，尤其需要家庭带来的情感满足，这是无论多少金钱都填补不了的。

养儿防老的内涵本就不只是防止老无所养，还防内心的孤独、亲情的窘窘。当然，我不否认有些人大彻大悟或者在情感需求上异于常人，完全不觉得这是什么了不得的事。这样的人确实存在。

生养孩子自然跟在超市里购物不一样，而且无论富贵贫贱，都需要投入巨大的时间成本，经济上的压力也是实实在在的。这不奇怪，任何一代人都是这么过来的。我们可以回想一下当年父母是在什么样的生活条件下生的自己。"养儿方知父母恩"，养孩子会很自然地修复一些可能存在的与父母的情感裂缝。

在如今的舆论场上，我人微言轻，没什么影响力。这种谈论生儿育女的声音早就不是互联网的主流了，我每敲下一个字，都仿佛能听到诸如"要你管，我爱生不生！"的斥责。生与不生当然是个体的选择。因此，以上所述仅为现象的剖析和解释，不提出任何行为建议，是否能看到，看完怎么想，都是缘分。

第四章 "内卷"的打工人

"县城里的蝴蝶效应"没有赢家

有一篇文章讲述县城里的蝴蝶效应。

文章说农耕时代遗留下来的重男轻女文化,加上计划生育政策,导致男女比例失调。改革开放后,人可以自由流动,加之女孩子意识到只有奋发图强、好好读书才能顺利离开老家,男女比例进一步失调。

县城的光棍越来越多。最诡异的结局是,某些年轻的男性因为找不到适龄女性,只能把炽热的目光投向当地的已婚女性,而当地的已婚女性从未感受过如此激荡人心的爱慕,尤其是对于那些在被包办的婚姻里逆来顺受的女性来说,逃离婚姻是多么自然的选项。

在重男轻女文化和计划生育政策的组合拳之下,县城里出现了很多"失去了妈妈的单亲家庭"。年轻的光棍越来越多,这些带着孩子的男人就更难有再婚的机会了。

整个链条合乎情理,是特定环境下人性的自然反应,但引发的问题不止于此。

在我小时候，老家有个已婚女性在外打工时跟厂里的某个男青年好上了。而这件事让她的父母深感丢人，最终她在万夫所指的道德压力下选择了自杀，留下一个女儿和有精神病史的丈夫。

在改革开放之前，也就是人不能离开户籍地的年代，女性往往是低人一等的，文化和环境让她们很早就意识到，命运的剧本大纲早就写好了。在当时这种困境下，我国农村妇女的自杀现象屡见不鲜。

后来改革开放，经济腾飞，但光鲜背后的不堪却被忽视。人们沉浸在喜悦之中，似乎忘记了成绩后面的"代价"。比如，留守儿童问题长期来看绝对关乎每个人的未来，它只是不那么明显罢了。就好比县城里重男轻女，反而让众多男性尝到命运的苦涩。

因此，没有什么事情是孤立的。只要在这个社会上生存，就没有人是一座孤岛，每个人的存在都与他人紧密相连。"县城里的蝴蝶效应"的演变逻辑看似重重扇了"重男轻女"思想一个耳光，但我看到的是，为了爱情逃出婚姻的女性在选择的时候并不那么轻松，因为正常的女性都不会那么果断舍弃孩子。

这个效应后续还可能恶化。当然，更普遍的情况是，双亲远走他乡打工，让孩子变成留守儿童。这些孩子是这片土地未来的重要力量，他们在成长过程中感受到的爱和接受的教育是至关重要的，此刻却双双缺位了。

逃离小地方并非一劳永逸，只是城市生活的艰难开始。别的

第四章 "内卷"的打工人

暂且不论，相比男性，女性在城市的择偶难度要更大一些，这并不是女性不够优秀，而是城市女性之间的竞争激烈。这里面的影响因素同样很复杂，不光是女多男少的问题，女性本就更加慎重和挑剔。从另个角度来说，正是因为女性的这种坚持，一代一代的遗传才有一个正面向好的方向。城市的大龄单身女青年现象已经持续很多年，看样子还会继续持续下去。另一边，县城则有很多光棍。

所谓的"县城里的蝴蝶效应"有真正的赢家吗？没有。不论是男性、女性还是孩子，都不是赢家。在农耕时代，女性依附于男性是天经地义的道德准则，但这种文化延续至今早已被逐步觉醒的个人意识瓦解。仅仅是人能自由流动，就大大减少了女性的自杀现象。那么，人追求自由的目的，正是为了在有限范围内尽可能把握自己的命运。

再往更大的层面来说，"县城里的蝴蝶效应"只是"人类命运共同体"的一次生动演绎，没有人可以真正独善其身，人与人之间有着千丝万缕的关系。如同市场错综复杂的交易网络，个体寻求更广阔的自我实现必须依靠他人的自由参与。而自由参与的前提则是个体之间的平等，不仅仅是权利的平等。我们要在文化上尽快对类似"重男轻女"的糟粕观念加以根除。如果多数人对某个群体的不公平遭遇视而不见，那么长远来看，很难保证不殃及池鱼。

回到个人，你能做什么呢？如果你是男性，那么你有能力自然好，无论是有钱还是有才，都是竞争力，但更重要的是，真诚善待女性，不要试图去控制谁。每个人都是独立个体，控制的结果是两败俱伤，新闻里经常有这样的惨剧。如果你是女性，那么你也不必卷入性别对立的战斗。因为提高女性地位是个比较虚的大概念，很容易让人迷失自己，不如专注于眼前的生活，并且一点点提高自己的见识和生活品质。如果更多女性做到这一点，女性地位自然就提高了。漫长且深远的改变总是静悄悄的，但一刻也不会停歇。

第四章 "内卷"的打工人

就这么静静地看着那些"野兽"

朋友偶尔感叹,时间好像被偷走了。

他们仿佛在黑暗中期盼光明,似乎过了今年日子就会好过一些。

朋友们,不必有这样的期待。满怀激动地期待未来,等于忽略了当下,忽略了此时此刻。

每个人的心里都装着一堆事,时而陷入回忆,或怀念或内疚,时而遥望未来,或期盼或忧虑。

我想起小时候早早盼望着暑假来临,临近的那些天坐立不安,畅想如何度过美妙的暑假生活。然而,暑期未过半,我就开始想念学校的同学了。我们从小就习惯性地活在期盼之中,等到年纪大了,经历了各种事,又时不时沉溺于回忆。

忧虑或者说焦虑,带来了一种"我似乎也在努力寻找出路"的错觉。我们很难承认自己在逃避什么,然而生活有那么多问题,想想就很累,逃避实在是很自然的行为。

活在未来,活在过去,唯独没有人教我们如何活在当下。

当然,这个很难。像铃木俊隆这样的宗师,终其一生都在追求自己能更好地活在此时此刻。

随着心态的调整，以及日常情绪的自我管理，人们读了一些书，也懂得了不少道理，但变化不大。没有人会荒谬到觉得自己读一本跑步指南就可以燃烧卡路里，但太多的人好像以为只要多看点相关的书籍和文章，就可以有个健康的生活心态。

我们得接受一个事实：所谓内心强大或心态稳健是需要训练的，也一定是可以慢慢通过训练而精进的。

我们要利用生活里无处不在的无聊、苦闷、心神不宁。这些令人不快的存在就是锻炼心性的机会。并且，我们不要期待一劳永逸，这是无休止的战斗。

我们要时刻观察自己，当自己陷入莫名焦虑和苦闷的时候，一定要让自己回答"我在忧虑什么呢"。我们必须让具体的事情出现：担心工作不保？担心恋人分手？担心孩子的学习？担心父母的健康？担心股市暴跌？担心被人瞧不起？一直对他人的负面评价耿耿于怀？……然后，反复地问自己：做什么能解决这些问题呢？坐在这里焦虑可以解决问题吗？

如果你就是忍不住焦虑，寝食难安，什么都干不下去，那就退而求其次，你可以每天给自己十分钟（或者慷慨一点，给自己半个小时吧），你可以在这个时间段内把所有的担忧都写下来，集中梳理一下。

对我们来说，比较重要的是学习观察自己的焦虑。我们不要去压抑这些恐惧和忧虑。焦虑和欲望有时就像一头野兽，越压制，它们就越反抗，结果令人心力交瘁、十分痛苦。我们应该让自己安静下来，调整呼吸，多呼吸几次，静静地"观察"这些焦虑和欲望。这时我们就很容易跟这些焦虑和欲望产生距离——它们看起来跟我们好像无关了，变成了"外在"的东西，自然也就不能再控制我们了。

这听起来有点像冥想，不仅如此，较真的学者罗伯特·赖特还真的运用现代科学（进化心理学）去求证。比如"无相"，说的就是包括感觉在内的万事万物不过是大脑构建的，我们赋予了其"本质"或者说"本性"。我们会给所有的东西和感觉都打上好、不好、喜欢、厌恶的标签，这种下意识的反应有利于自己生存，拥抱好的，远离坏的。

收藏者即使用56万美元买到乔丹穿过的鞋子，也美滋滋。但这双鞋跟其他鞋有本质上的差别吗？并没有，都是从耐克工厂流水线里出来的。之所以变得不一样，是因为"乔丹穿过"这一事实为其注入内涵，这一内涵就是"相"。所以，我们的多数快感都是需要故事和内涵来支撑的。商业世界的品牌故事的作用也在于此。

人的焦虑多半也是由于我们为太多的商品和成就注入了内涵，使其"着相"。如果一个人不能取得什么样的成就，就被认为是失败，那么这种失败只不过是"未达成预期"，但人会自动将失败附上巨大的令人寝食难安的"内涵"，从而郁郁寡欢、一蹶不振。

不给事物和各种行为附着这些评价性的情感内涵，反而会带来更纯粹的体验，比如在粗茶淡饭中亦能品出丰富的滋味。

剥掉事物人为附加的内涵，正是自由（个人主观上的自由感受）的源头。

我也不是说自己已经大彻大悟了，事实上，我还有很漫长的路要走。这些理念对人的幸福感是有很实在的价值的，值得我们学习。

把眼光放得更长远一些

通常，我们说的把眼光放长远一些，无非就是十年、二十年，最长也就是这一生了。但如果有下一代，那么比长远更长远的眼光决定的就是整个家族的命运。

有个读者给我的留言特别好：

> 从县城到市区，这几乎不用考虑，如果能换或能踮起脚来换，我就会换。我之前跟朋友聊天说，我就算在一线城市捡垃圾也不回老家（十八线城市），因为就算苦，也苦我这一代，我的孩子至少（在成长环境、升学概率、视野上）比他同期在老家的大部分孩子强吧！现在的社会很难在体力上把一个人累垮，反倒是在精神上更容易把一个人捶趴下。只要自己不倒，几乎没有人能把你推倒。加油吧，乐观些！

人要有远见卓识，要看得长远一些。无论成长还是投资（其实是一码事），一个人没有耐心却想要有所回报是比较难的，除非运气足够好(包括天赋异禀)。

但在漫长而平淡的一生中,人是多么没有耐心啊!多数人都败给了耐心。换个角度来看,正因为耐心是极其宝贵的品质,所以能做到的自然是人中翘楚。

很多人即便一辈子勤勤恳恳、耐心积累,也未必能取得多大的成就。仅仅看收入,有些人老实巴交地攒钱,到手的数字是可以预估的。这并非什么稀奇的理财方式,相反,过去中国的大部分家庭就是这样攒钱的。几十年前的生活没有什么可能性,信息也不发达,令人咋舌的财富故事是罕见的。生活的困顿会一点点让人们接受现实,那就是日复一日地努力工作,养家糊口。

即使是这种最笨的办法,也让家庭之间拉开了差距。

有人借助父母的帮助,相对轻松地就在大城市扎根,但有更多年轻人的父母拿不出钱来。这看似不公平,但人们奋斗在高低不同的起点,实则公平。拼爹拼不过的年轻人也无须抱怨,因为所有的努力和积累都不会白费,这些成果都将垫高下一代的奋斗起点。

这个道理似乎根本不用重复,多数普通人也都是这么做的。但城市化和大城市的生活压力及一些政策带来的不便,尤其各种信息噪声,让人们心神不宁,无形中给自己平添了许多压力。

我们不必过于苛责自己,这些都是正常的情绪。如果我们屡屡被这些压力折磨,当下的生活质量就很难保障。所以,人的确需要在焦虑时有一次认知上的调整。只要我们在认知上有了变化,过日子就不太需要"挺住""忍住""坚持住"这么悲壮而艰辛了。

如果我们能真正地在认知上看得更长远一些，而不只是"这道理我都懂"，那么我们在迎接生活的挑战时会很自然（不费劲）地变得更加有耐心。不要着急，着急也没用，一点点努力，总比每天陷入焦虑好。

每到人生一个新站点，我们都可能产生新的野心。而要想学会平静地与无止境的欲望和谐相处，我们就需要漫长的反复训练。

人大概就是被外在的环境和内在的欲望反复磨炼而逐步变得强大起来的吧！

"80后"是最惨的一代吗

几年前流行一个说法,即"80后"是中华人民共和国成立以来最惨的一代。被传得到处都是的内容大致如下:

当我们读小学的时候,读大学不要钱。
当我们读大学的时候,读小学不要钱。
我们还没工作的时候,工作是分配的。
我们可以工作的时候,撞得头破血流才勉强找份饿不死人的工作。
当我们不能挣钱的时候,房子是分配的。
当我们能挣钱的时候,却发现房子已经买不起了。
当我们没有进入股市的时候,傻瓜都在赚钱。
当我们兴冲冲地闯进股市的时候,才发现自己成了傻瓜。
当我们没找对象的时候,姑娘们是讲心的。
当我们找对象的时候,姑娘们是讲金的。
当我们没找工作的时候,小学生也是能当领导的。

第四章 "内卷"的打工人

当我们找工作的时候，大学生也是能洗厕所的。

看起来"80后"真的有些惨。记得2002年我刚上大学时，学校附近一个小区的房价是1000元/平方米，等我毕业的时候，房价已经是5000元/平方米了，现在至少是30000元/平方米了。果然是眼睁睁地看着房价上涨且无能为力。说到房子，我多说两句。2008年的时候，我作为一个刚毕业两年的待业青年，经常看到一些房产专家说房地产有巨大的泡沫，认为房地产崩盘是迟早的事。但事实上，中国的房价尤其一线城市的房价是什么走向，大家都知道了。

可见，就算我上了大学还是缺乏很多常识的。观念看起来没用，但是对人的影响巨大且深远。

回到这个"80后"是不是最惨的话题。在我小的时候，村里有很多不识字的人，就算有识字的，几乎也只是小学毕业。因为整体都穷，教育资源极其有限，所以村里的小学老师也就是读了点书的农民。那时候，人们小学毕业后就发育得差不多了，基本上可以下地干活。现在很多人可能无法理解，但当时的环境就是这样的。

光这一点，"80后"就应该庆幸，虽然小时候也穷，但确实赶上了好时代，多数人至少读到高中毕业。

认同"'80后'是最惨一代"的人无法从整体上看待"穷"和"概率"。在上大学不要钱、毕业包分配的年代，整个社会有多少人有机会上大学呢？凤毛麟角。一样的道理，从免费上大学、分配工作到分配房子，坑位都是固定的、稀缺的，属于极少数的幸运儿。

所以，从整体上看，赶上单位福利分房的几代人要比"80后"惨太多了。"80后"拥有更多的资源和机会。哪个"80后"有把握在福利分房的年代就能分到房子？相比之下，老老实实地打工赚钱买房，乃至在一线城市安家的概率要高太多了。

再说工作机会，那时分配的工作都是体制内的，不是做公务员就是去国企或事业单位。当时，市场刚起步，积累不够，整个社会的就业岗位稀缺无比，因此大量的人只能艰难地做点小买卖，其中有极少数人成功上岸（同时创造了很多就业岗位），多数人能有一份流水线的工作就属于不错的了。

反观"80后"，真正地开始尝到时代发展的果实（改革开放的成果初显），又赶上科技发展的浪潮，市场提供了极为丰富的岗位。我们不用看统计数据也可以猜到，在城市化进程里获益最多的大概是"80后"。彻底改变家庭命运，从农民变成中产数量最多的应该也是"80后"。

至于找对象这件事，道理是一样的。姑娘是讲心的，但怎么就会看上你呢？赚钱能力和有趣灵魂也不是非此即彼的，努力赚点钱，让姑娘过上好日子显然更加实际一些。

另外，姑娘凭什么不能讲金？在市场经济之下，能否赚钱是能力高低的体现。对任何家庭来说，尤其对有了孩子的女人来说，金钱的安全感实实在在，看钱合情合理。一个人再有趣，也得吃饭，不是吗？再退一步，对绝大多数男性来说，相比有才华、有内涵，赚钱可能是最容易的。

　　如今的"80后"，最年轻的也30多岁了，其他的纷纷步入中年，到了可以做阶段性总结的时候。对比前面几代人，不说局部和特殊情况，"80后"整体上肯定过得更好，因为物质更加丰富了，生活更加便利了。

　　当然，无论经济总量如何，中国还是一个发展中国家，离成为一个发达国家还有很长的一段路要走。但只要坚定市场经济的发展不动摇，相信我们一定会越来越好。

聊聊"不打工男"

"打工是不可能打工的,这辈子都不可能打工的。"

因为这句话在网络上爆红的周某出狱了。一点也不意外的是,很多所谓的网红机构号称要拿百万元去签约他。毕竟,这种自带话题属性的人是非常稀缺的。

有网友想听我从不同的角度解读周某。

针对签约一事,周某回应说,如果签了合约,他就是别人的工人,就没有自由了,什么都是别人说了算。他又说,签了合约,对他来说也是一种"言而无信","之前我说过的,不可能打工的"。

一个人放弃上百万元,甘愿回家种田,这种新闻很刺激人。但实际上,一百万元怎么给、分多长时间给,他需要干什么,是否真的有上百万元……这些都要打个问号。

如果真有机构拿出上百万元签约周某,周某过段时间复出做直播,那么这也没什么奇怪的。相反,敢于真正拒绝这样的条件而宁愿回家种田的人,在当下是少数。

针对这件事,《人民日报》还点评了,指出这波营销"病得

第四章 "内卷"的打工人

不轻"。这下,恐怕没有机构敢试水了。我觉得这没什么,至少周某给大家带来了乐呵(现在能让人笑出声来多难啊)。至于周某能红多久,那就要看他的造化了。

为什么"打工是不可能打工的,这辈子都不可能打工的"这句话会如此爆红?可能是因为没有人喜欢打工。周某的这句话其实引起了广大打工人的共鸣。

工业革命和城市化最终催生的流水线对人类幸福感的摧残是很严重的。在过去那种小作坊中,人们拿着不高的收入,从小就继承了某种技能,无论是擦皮鞋还是做木工,自主性是很强的。他们不仅有一种创作上的自觉,而且在创作过程中不会被各种所谓的流程压得喘不过气,也不会有十分业余的人过来充当领导指指点点。

我相信,任何有创作经验的人,都会对业余人士的指点产生抵触心理。创作令人愉悦,即使在厨房里煎鸡蛋也是一种创作。想想看,如果有人在你煎鸡蛋的时候指手画脚,那么做菜的乐趣会完全丧失吧!

然而,永远被"指手画脚"是打工人的常态,意义会消解在各种流程当中。

其实,城市里的白领都是产业流水线上的螺丝钉,没有任何一个打工人是不可以被替换的。

有的人倒是很会说漂亮话,他们美化打工、赞美劳动。当然,这些话是没错的,因为人得养活自己,这是最起码的独立先决条件。但为什么我们要回避打工这件事经常引起的无意义感呢?其实，戳穿和面对事实更好，我们不需要麻痹自己。

  我们要解决的是如何赋予当下工作意义，而不是回避它本质上的毫无意义。解决的办法就是学会从中发现乐趣，但很遗憾没有通用的办法。一个原因是，不同行业的工作内容差异比较大；另一个原因是，每个人的性格不一样，导致同样的环境里的"趣味点"也不一样。

  打工本身不符合人的天性，我们将来有没有能力摆脱工作另说，但至少要意识到这一点。直面"打工"真相，能让人一点一滴地为脱离打工这件事积累，不着急，十年不够，那就二十年。

第四章 "内卷"的打工人

人最擅长骗自己了

有人喜欢"大便",就必定有人售卖"大便"。按理说,交易基于自愿,无可厚非。但这是商业世界容易为人诟病的一种现象。市场就是这样的,也许你瞧不上,但有人就能洞察到某个庞大群体的需求,迎合也好,讨好也罢,双方一拍即合。

很多人可能没有认真想过,迎合也是一种能力。该能力尚不需要良知上的纠结。人自身的弱点也早被商家摸透。在信息和观念市场,惊悚的谣言更容易得到传播,挑拨人的情绪更容易引起共鸣。这些就像公式一样刻在人类基因里,永远有效。

这听起来似乎很悲观?并不是。就如同我对"烂电影"横行这件事完全不在乎一样,我认为人是会进步的,消费者是无情且挑剔的,只要允许各种信息的竞争就可以。比如,人们能吃饱饭也没多少年,就已经开始提倡健康饮食了。谁不想遮住食物热量表敞开了吃呢?但我们看到很多人在饮食上变得克制,这并不仅仅是为了更好看,也是因为人一变胖,身体毛病就变多。同样,一旦健康饮食的风刮起来,无数商家就会开始普及相关知识。

我们可以获取各种各样的信息,有的人是为了打发时间,有的人是为了让自己愉悦,有的人是为了了解当下热点,还有很多人是为了获取新知。所有的信息背后都有一堆人在试着讨好。

牙膏在刚被发明出来的时候卖不出去,后来有聪明人在牙膏里加入了薄荷,牙膏一下子就流行起来了。因为薄荷所带的清凉感,让人觉得自己的牙齿变干净了,但牙膏中负责清洁作用的显然不是薄荷。

我特别喜欢这个例子,说过好多次,因为该原理几乎可以完美解释为什么贩卖知识的人喜欢不停地创造词汇,因为这会让受众有"新知"的获得感。生造的词汇就是牙膏里的薄荷,会让人有快速获得新知的错觉。

要破除这种幻觉很简单。真正认真学习的人都能明白,学习这件事根本没有捷径,有的只是不间断的积累,过程是很辛苦的。就算大师级别的学习方法也无法绕过自身的努力。

人很擅长骗自己,买一堆书就觉得完成了一半阅读任务,办完健身卡似乎下周就能瘦,交钱上几门课应该就很快入门了吧!这么一说,人人大概都明白了,缺的不是决心,而是行动。比如,看完一本大部头的著作其实特别容易,要么定量(一天一章节),要么定时(一天半个小时),不知不觉就看完了。

无论是审美的提升,还是辨别信息真假、观念好坏能力的提升,抑或知识和技能真正意义上的获得,都是个人成长的重要组成部分,只能靠自己完成。荣格是这么说的:"如果个人只能通过自己的努力和磨难才能获得某个东西,那么环境不能把这个东西当作礼物恩赐给他。"恰恰相反,太过有利的环境只会强化一种危险的倾向,即个人把所有希望都寄托于外界。

形势比人强：观念的力量

要在暂时无法改变的工作中找到乐趣

我的朋友饭饭做了一个节目，叫《一百种人生》。现在节目已经断更了，但之前的问题和回答还在，我摘录一些到此，希望这些内容对大家有所帮助。

会读书的人：你是如何入行的？

吴主任：最早在考虑未来要从事什么行业的时候，我是考虑过当个大学老师的。第一个原因是，我上了大学之后感到很失望，我觉得我可以很轻松地比讲台上的老师讲得有意思。第二个原因是，大学老师的寒暑假很诱人。后来，等毕业的时候，我发现没有博士文凭很难在高校当老师，所以就放弃了。

从第一天上网开始，我基本就离不开电脑了。但是，我对游戏等娱乐又没啥兴趣，我将所有时间都花在当时的 BBS 和各种博客上。因此，我早期对各种乱七八糟的工作不适应也是很自然的。很快，我就坚信我一定可以当个合格的互联网从业人员。

当然，那时没有什么运营、市场之类的概念。虽然我赶上了门户衰落之前的黄金岁月，但现在回头看，一切真的是刚刚开始。

也可以说，我赶上了一趟末班车。

正如我之前预想的那样，我热爱互联网，我对互联网极其熟悉，仅工作来说，我是可以完全胜任的。

入行是比较偶然的。我在饭局上认识了网易的一个主编，他正在招人，而我认为自己很合适，但他对我过去的工作经历表示了合理的怀疑。我心有不甘，但充分理解。我说，你让我试试，不要钱，试用一个月，行不行一个月后再说。一个月后，我就入行了。

会读书的人：工作初期，你遇到的最大困难是什么？

吴主任：工作初期，我遇到的最大困难不如说是开始各种学习，因为当什么都不太熟悉的时候，你还谈不上有困难。

那时我负责给网友邮寄小奖品，每天要手写几十份快递单，不像现在给长期合作的快递公司一份名单，快递员就帮你搞定了。说实话，当时我觉得非常充实。我觉得自己作为一个新人，态度是非常端正的。所以，后来我也说过，实习生或者新人做端茶倒水的工作是很正常的。

慢慢地，困难更多的是内容的产出。我不知道做什么，因为我初期的工作状态是非常吓人的，我经常给自己非常多的任务，比如一周至少做三个专题，但我觉得自己完成得非常好。

会读书的人：为何选择这份工作？是什么因素让你一直留在这一行的？

吴主任：喜欢，热爱，以及高于平均水准的行业工资。

会读书的人：这份工作带给你何种满足感？

吴主任： 我最早在网站做内容的时候，每次输出的满足感都是非常巨大的。门户随便一个推荐位的流量都是巨大的，所以我至今都非常感谢当年的网易给了我这样一个机会。

现在这份工作的满足感是要稍弱一些，但我会思考更多，不像当时做内容那么纯粹。

我觉得巨大的满足感来自出品满意的东西，可能是一个小创意视频。但在热点不过夜的当下，这种满足感变得很短暂。不管你做出的东西多厉害，保鲜期也就一天，更何况要做出厉害的东西本身就非常难。

会读书的人： 请描述一下工作带给你最大成就感的时刻。

吴主任： 我不是一个容易有成就感的人，也可能是不觉得自己有什么成就。

会读书的人： 在日常生活中，我们在什么场景下可以使用到或者遇到你的工作成果？

吴主任： 工作和生活有时候没那么强烈的分割感，因为贯穿始终的是一个人看问题的角度。工作也好，生活也好，都是要解决一个又一个问题，重要的是解决方案和遇到各种出乎意料的问题时的对应心态。

会读书的人： 你会在什么条件下选择不工作？

吴主任： 跟很多人一样，我总会幻想着在有花不完的钱的那一天就不工作了。但我觉得即便到了这一天，我也会想着做点事情，因为无所事事太久反而会让人非常痛苦。

人一定是在做事情中才能感受到充实和愉悦的。尽管我本人很懒，但我也会坚持做点什么。

会读书的人：工作与家庭可以平衡或者局部平衡吗？你有小方法来搞定或者局部搞定吗？

吴主任：我暂时没有特别巨大的诸如要改变世界的梦想，我对工作的理解就是用我个人的全部能力换取收入，这是非常朴素的对劳动的那种理解。而且，我是个几乎没有幻觉的人，因此目前不存在工作和家庭的平衡问题。

会读书的人：你的工作有烦琐的部分吗，类似流水线工人的那种？

吴主任：我非常能理解流水线工人难以在工作中获得幸福感，因为他们很难在工作中发现创造性的东西。当然，人的自我调节能力有差别，有些人是可以在磨炼熟练程度上找到乐趣的，任何技艺的提升都会带来幸福感。

我觉得最重要的是要在暂时无法改变的工作中找到乐趣。我个人的工作更难受的部分是很多时候都在等——等上面确认，等合作部门完工，等供应商的进度。

会读书的人：不考虑家庭负担、经济因素等任何现实原因，你最想做的另一份工作是什么？

吴主任：我不是一个想象力非常出色的人，因为我感觉我对财富的渴求要比我自己想象的大很多。但与此同时，我也不会因此茶饭不思。

我的意思是，如果彻底没有经济方面的渴求，我要做的事可能就是看看电影、看看书，随便创作点什么，比如写一本书或者拍一部电影。

但我现在能预料到,这个时候出来的作品一定是最差的,甚至多半会半途而废。我现在觉得要做成任何一个拿得出手的东西都必须有一定压力,过程都是比较辛苦的。玩票性质的东西最终也就是玩票。

会读书的人:你自己有没有觉得,工作中的某个部分是只有你才能注意到而且做得特别好的?工作如何标记出了特殊的你?

吴主任:我觉得我的直觉是非常好的。这就是很难说清楚且很特别的地方。

就好比审美这件事,当有两张图摆在那里,我说这个好,别人说那个好。这种事没办法量化,没有一个能服众的数据。

工作中最难的部分恰恰就是这部分,尤其是当你的审美情趣(广义上的)跟你的领导和同事有分歧的时候。

会读书的人:你最想给想做你这份工作的年轻人的提示是什么?

吴主任:抛开运气。我觉得年轻时候的磨炼和积累是非常重要的。就算要吃老本,你也得在年轻的时候积累足够的本,这样后期才有得吃。年轻人最大的优势就是时间多,如果这些时间利用得好,那么未来的人生可能会天差地别。

磨炼工作技能以及多看书,永远错不了。

第四章 "内卷"的打工人

如果满地打滚能解决问题

近期,我时不时会被网友问:你还理性乐观吗?这个问题真是令人费解。我知道多数人也只是困惑、迷茫或者看不懂。但是,有少数人得意扬扬、幸灾乐祸,觉得自己才是那种看透世道和社会运行规律的智者。

为什么说费解?理性乐观是有很多种解读的,有些人将其解读为对社会走向持有的态度。我的理解是,这就是一种纯个人的希望能保持住的心态。如果感性悲观、撒野哭泣、满地打滚能让事情变得更好的话,乐观也就一文不值。显然,满地打滚并不会让事情变好。

不管我们所处环境是友好的还是恶劣的,个体的能量从来都是极其有限的,我们能做的恰恰是调整自己的心态。这个环境可能是工作环境,可能是生活环境,也可能是整个社会大环境。心态的调整也是行动的一种。

人要学会尽量不浪费时间去思考那些完全无法掌控的事情,这是可以经过反复训练实现的。对于已经发生的事情,你就算有千万种情绪也改变不了,只能徒增烦恼,浪费更多时间。比如,花出去的钱、已经浪费的时间、大把投入的精力等,也就是经济学里说的"沉没成本",即既定事实。面对这些事实,如果可以,我们不要有一丝情绪。我们能做的就是思考接下来自己该做什么。

在日常生活中,我们可以非常感性地去感受一些事,通常我们也是这么做的。如果我们对很多事情无法全情投入,理性算计和思索就会变得索然无味。正确的做法是,在理性的安全区域内全情投入。这种做法有点像在游乐场里体验那些惊险刺激的项目。理性和感性可以并存。

不仅仅是这些"沉没成本",很多人性中固有的类似嫉妒这样的习性也是需要压制的。人们都知道需要理性,但总是会被各种情绪引导,从而做出一些对自己并无益处的事情。跟这些习性和情绪做斗争需要长期的训练。这件事说起来简单,但是需要一个过程,谁也不是天生就心态稳健的。我们可以通过一件件事情逐步把自己训练成习惯性只专注于自己能掌控的事情的人。再强调一遍,我一直坚信这种务实的心态是可以通过反复训练得到改善的。

即使在最极端、最恶劣的环境里,有的人也能调整自己的心态,始终保持精神自由和思想独立。比如,维克多·弗兰克尔长期被关在集中营里,最终侥幸活着出去并总结了这段经历,写成一本书——《活出生命的意义》。糙一点的说法就是,弗兰克尔是在"苦中作乐"。我相信弗兰克尔的心态是极其强大和乐观的。

我经常说,我们都是普通人,要学会摆正心态,但这也不意味着我们就彻底放弃了上进。恰恰相反,我认为每个人都应该去争取未来的各种可能性,只不过不要有过于不切实际的幻觉。

假设一个人想从事表演事业,怀有成为大明星的梦想,这不是什么坏事,有梦想很好,但他也要意识到这个概率是极低的,不要觉得自己各方面都比某明星强就一定能红——这就是幻觉。通过努力成为一名优秀的演员是可行的,大红大紫就不一定是努力就能实现的,需要漫长的时间,更需要运气。如果没有一个健康的心态,那么他可能连当个合格的演员都做不到。

其他行业的工种也是类似的,有投机取巧的"捷径",也有名不副实的"成功案例"。我们不要被这些乱象迷惑,因为很多事情背后的决定因素是极其复杂的,并不是你想象的那样。

但不管未来遇到什么事情,我们都要保持一个健康的心态,保持理性,放弃幻觉,在力所能及的范围内,逐步让自己变得更好一些。

第五章

未来会好吗

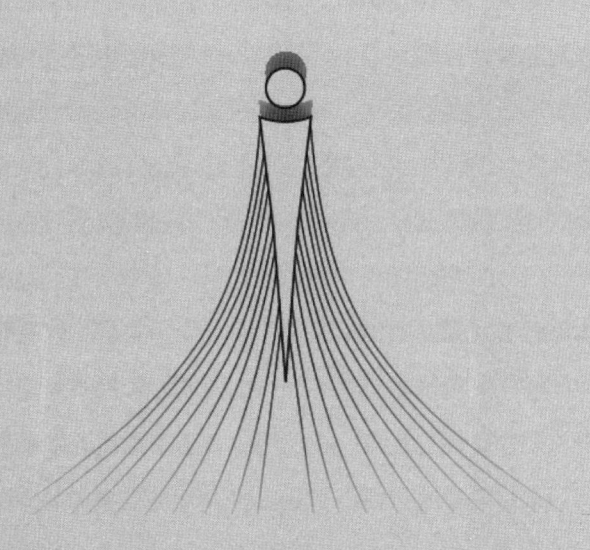

第五章　未来会好吗

未来是否值得乐观

人的改变是很难的，需要缘分，需要契机，而对宏观局势的判断更加艰难。其实，人只能感知身边发生的事，想像看历史一样宏观地看当下对多数人来说是一种挑战。人又有悲观的倾向，如果连续听到几个坏消息，加之一些媒体或者自媒体的恐吓，自然就会开始担忧未来。

一个人真正愿意跳出当下熟悉的信息环境去试着看点别的东西是很难的。第一，这可能会激怒自己，因为这跟自己过去的想法完全不一样。第二，大家忙完一天，都想放松娱乐，不想费脑子想那么多事。所以，对于我来说，尽可能通俗易懂但内容需要一点儿思考的文章的阅读量都是比较低的。轻松娱乐永远是大众传播的主流，这个是没有办法的。

对于有没有可以跳出所谓的循环又符合人性的游戏规则，我应该也是描述不清楚的。一个有希望的社会应该是基于一个坚定不移的点而自由发展和探索的。这个点大概就是对私有财产权的尊重。有了这样一个点，自愿交易的发生就是自然而然的。

说到这里，我下面要说的话可能会让有些读者感到意外。虽然我们还有很多需要改进的地方，但至今来看，我对中国未来的发展还是乐观的。这个话题巨大，讨论时没法深究细节，我们只能基于更大的也就是相对粗糙的印象去把握。我仿佛看到一些读者在冷笑：为什么乐观？因为当前还活着的绝大多数中国人差不多明白繁荣是怎么回事，尤其是在走过一些弯路之后，他们的印象会更加深刻，他们知道好日子来之不易。

不少学者和知识分子试图在其他发达国家的发展曲线里预测我们未来的道路，觉得停滞是一种必然或者发展规律。但实际上，我们并不能这么硬套，就人均可支配收入来看，我们还有巨大的提升空间。

第一，多数人知道好日子是怎么回事（坚持市场经济）；第二，当下中国有明显的提升空间。就这两点足以让我对未来保持乐观。

我需要跟各位说清楚的是，我的乐观并非赞美，只是个人的一种判断。有巨大提升空间也证明当下有很多需要改进的地方。你完全可以不同意我的判断，因为我也可能是错的。

如果我们不管这些形势（我们也无能为力），只关心自己的小日子过得如何，那么整天垂头丧气明显无助于提高生活品质。我有理由相信每个人都希望国家能越来越好。所以，我反感"恨国者"这个标签，我认为使用这个词的人居心叵测，是在制造对立。我看到有些人的确内心充满怨恨，这只是这些人的个人心理问题。但批评者的恨也是恨铁不成钢，他们是希望我们的国家更好。

第五章 未来会好吗

共祝愿祖国好

我希望中国人民能拥有越来越好的生活，能热爱这片广袤土地上的壮丽景色和各种美食，能认同"生于斯，长于斯"形成的部分文化，诸如此类，这是一个中国人特别简单朴实的情感。

在滚烫而真实的生活中，经济与文化、意识形态搅和在一起，导致人们已经很难对语言有统一的认知，从而出现了表面上看起来像是针锋相对的理念。在某些时候，爱国话题也是如此。

从朴实的角度出发，人人都希望生活在一个安全、和谐、友好、自由、包容的环境中，其中安全是最重要的。从茹毛饮血的原始社会到现代社会，无论是自然科学提供的知识还是社会科学的各种理论，都有一条清晰可见的安全进步路线。比如，医学卫生解决了婴儿死亡率高的问题，本质上是安全卫生知识的普及和应用。同样，在社会理念上，人类反反复复走了许多弯路，但无论种族以及文化差异有多么巨大，每个人生活水平的提高都是从人身财产安全得到切实保障开始的。

经济发展的实质是商品的极大丰富，背后是生产力和效率的提升。而每一项工作都是具体的人在做，再大的公司和机构也有所有人，无论被称作个体户还是企业家。如果一个社会让更有能力承担责任的企业家感到自有财产的不确定性，那么人们必将无心生产。

如今的经济体早就牵一发而动全身。一旦资本失去了安全感，也就意味着整体上人们是没有信心的，浮躁的氛围会传染和蔓延。当然，对于妥善保障私有财产权这件事，每个人都可以喊口号，但真正落实才是最根本的。

繁荣不是喊出来的，也不是自上而下规划出来的，而是源于充满活力的生产与创新。繁荣需要的是民间经济的活力，而活力除了需要切实有保障的财产安全感，还需要更广阔的空间，也就是更少的管制。

有些人会觉得这种道理还用反复强调吗？我其实一点也不想重复，但要想真正理解这件事并不是听两句口号式的结论就能解决的，这显得过于简单和浮于表面，以至背后的原理很难被真正理解。

基于大家都希望我们的祖国繁荣昌盛这个前提，我认为每一个中国人都应该明白，保障私有财产和市场经济的重要性值得反复强调。

神州万里同怀抱，共祝愿祖国好。

第五章 未来会好吗

观念有力量

一百多年过去了，对群体心理的研究依然绕不过《乌合之众》这本书。所有群体事件表现出来的疯狂和无意识，无论古今中外，都是一样的。

由于群体事件的无意识，只要身处群体之中，个体无论是什么样的性格和个性，都会被群体固有的疯狂吞噬，与此同时都会感受到一种集体带来的力量，卑微无能的感觉烟消云散，取而代之的是残忍、短暂却强大的力量感。

一个心理群体呈现出来的最为引人注目的特点如下：无论是什么样的人构成了这个群体，不管他们的生活模式、职业、性格或是智商相同与否，他们转变成了一个群体的事实让他们拥有了一种集体的思想，这使他们的感受、思想和行为，变得与他们孤立时的状态不尽相同。如果凝聚在一起的个人不能形成一个群体，想法和感受就不会产生，或是不能转变成实际行动。①

勒庞在这本书里的每种观点都是推理，但极具说服力。事实上，人类历史上所有群体运动的表现也都证实了他的说法。由于群体的疯狂和无意识，在个体融入集体后，每种情感和行为都具有传染性，用观察个体的方式去理解群体是不得其法的。群体既能露出凶残的人性阴暗面，又能超越生物趋利避害的本能，做出一些牺牲行为。

另一个极其重要的因素是匿名性，即藏在群体之中，个人既获得了力量，又不受到个人责任的束缚。

一个人在生活中会是一个遵纪守法、过马路不闯红灯、喜欢宠物的良好市民，只是一加入群体就很容易表现出另一面（随波逐流，行为完全不受自己控制），虽然他本人在行动时意识不到这一点。

而无论正邪，群体的野心家头头都深谙此道。面对面交流时，他们需要诉诸理性，晓之以理。但面对群体时，理性只会让群体昏昏欲睡，他们需要的是指明方向、描述未来、信誓旦旦、慷慨激昂、不断重复、掷地有声。勒庞总结出他们发言的三个方法：断言、重复和感染力。

不要问，只要信。

如果仔细观察，你就会发现身边有很多这类例子，不一定是

---

① [法]古斯塔夫·勒庞著，王浩宇译：《乌合之众：大众心理研究》，北京联合出版公司2016年版，第6—7页。

街头运动，只要是庞大的组织群体，其宣传工作的行文和用词特点就是类似的，甚至那些成功的品牌广告同样懂得其中的道理。这也许不是刻意为之，但就是做对了，成功输出了幻觉。

因此，那些语义模糊的大词往往最有影响力。比如平等、自由等，这些词的意思非常含糊，从来就没有公认的标准定义，从人类学会思考开始就有无数的著作解读这些大词。读者则各取所需，按照自己的知识结构获得粗浅的理解。最重要的是，这些词从来不指向具体的事物，但指引无限美好的未来。

到底是武力厉害还是观念更具有杀伤力，这是一直以来的争论。从人类漫长的统治历史来看，武力是一种短暂的征服，持久而有力的依然是观念。个体在思考的时候是冷静的，自然比较难意识到这一点。

《乌合之众》这本书恰好举了罗马帝国的例子：

> 德·库朗热在论述罗马高卢人的杰作中恰当地指出，罗马帝国并不是由军力所维持的，而是它激发出的一种虔诚的赞美之情。他正确地写道："一个被公众所深恶痛绝的统治形式，竟然能够维持长达五个世纪之久，这在人类的历史上是绝无仅有的……帝国的30个军团竟能令1亿人卑躬屈膝，这实在是令人感到费解。"那些人服从的原因是，帝王是伟大的罗马的人格化象征，他被全体人民当作神来崇拜。在他所掌

控的领土之内,即使是最小的城镇也会有供奉皇帝的祭坛。①

观念有力量,但其产生、发展和消亡都需要时间,时间长短全看运气。建立普遍信念的道路十分曲折,可是一旦深入人心,其便会拥有难以征服的力量。从更现实的角度来看中国的当下,值得乐观的是,改革开放和经济发展的重要性深入人心,在短期内是不会动摇的。不乐观的地方是,就连勒庞也想象不到,由于移动互联网、社交产品的出现,虚拟世界的群体事件出现在人们每一天的精神世界。

刷屏的文章不是热点事件就是某种情绪出口。如今互联网内容的传播极其符合群体心理学的一些观察结果。个体通过手机接触世界貌似孤独,但其实他永远都跟群体拥抱在一起,并且具备了最重要的匿名性,所以很多网络上张牙舞爪的"妖怪"在现实生活中可能温顺得像只绵羊。

勒庞毕竟不是为了"黑"而"黑",他虽然已经把群体的丑态剖析得淋漓尽致,但也不得不承认,正是借助群体这种超越个人的能量,社会才有了进步。

群体从来不受理性的引导,对此我们是否应该表示遗憾?毫无疑问,在人类文明的进程中,推动人类发展的不会是理性,而是令人鼓舞的、果敢的幻觉。这些幻觉是支撑我们潜意识力量的产物,无疑也是必要的……所有文明的主要动力源并非理性,而

---

① [法]古斯塔夫·勒庞著,王浩宇译:《乌合之众:大众心理研究》,北京联合出版公司2016年版,第52—53页。

往往是各种各样的感情，如荣誉、尊严、自我牺牲、宗教信仰、爱国主义和对光荣的向往。

同样的道理，过去的传播原理基本上早就不适用于当下了。近年来无数的社会心理学实验也都表明，某段时间内的爆款内容完全是无法预测的。但我们事后分析，也能有个模糊方向，就是情绪上的感染力。

很多社会的进步的确由符合"乌合之众"行为模式的网民推动。另外，你即便自己不参与，也多少能理解一些人为什么在网上寻求各种组织，无论是学习组织还是某品牌自发的粉丝群，无非是因为抱团取暖有安全感，且踏实有力量。毕竟，在现实生活里握着手机的他们是那么孤独和没有存在感。

明白这些道理对个人的好处是，你知道很多公共事件的严重程度是当下特殊的信息参与和互动模式造成的，并不意味着它真的有多严重，更不意味着这个世界正在堕落。另外，我们要时刻警惕自己可能会不自觉地陷入狂热。如今人们已经离不开互联网了，个人生活是无法彻底逃离群体的，但适当地远离和观望是有好处的。只有这种时候，你才能发现一些自己生活中真正重要的人和事。